不可能的任務

數論與密碼十二講

任務

——公鑰密碼傳奇

沈淵源／著

三民書局

國家圖書館出版品預行編目資料

不可能的任務：公鑰密碼傳奇/沈淵源著.－－初版三
刷.－－臺北市：三民，2018
　　面；　　公分.－－(鸚鵡螺數學叢書)

ISBN 978-957-14-5991-2 (平裝)

1. 數論 2. 密碼學

313.6　　　　　　　　　　　　　　　103027785

© 　不可能的任務
　　　　　—— 公鑰密碼傳奇

著 作 人	沈淵源
總 策 劃	蔡聰明
責任編輯	徐偉嘉
發 行 人	劉振強
發 行 所	三民書局股份有限公司
	地址　臺北市復興北路386號
	電話　(02)25006600
	郵撥帳號　0009998-5
門 市 部	(復北店)臺北市復興北路386號
	(重南店)臺北市重慶南路一段61號
出版日期	初版一刷　2015年2月
	初版三刷　2018年9月修正
編　　號	S 317000

行政院新聞局登記證局版臺業字第○二○○號

有著作權　不准侵害

ISBN　978-957-14-5991-2　　（平裝）

http://www.sanmin.com.tw　三民網路書店
※本書如有缺頁、破損或裝訂錯誤，請寄回本公司更換。

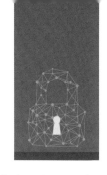

《鸚鵡螺數學叢書》總序

本叢書是在三民書局董事長劉振強先生的授意下，由我主編，負責策劃，邀稿與審訂。誠摯邀請關心臺灣數學教育的寫作高手，加入行列，共襄盛舉。希望把它發展成為具有公信力、有魅力並且有口碑的數學叢書，叫做「鸚鵡螺數學叢書」。願為臺灣的數學教育略盡棉薄之力。

I 論題與題材

舉凡中小學的數學專題論述、教材與教法、數學科普、數學史、漢譯國外暢銷的數學普及書、數學小說，還有大學的數學論題：數學通識課的教材、微積分、線性代數、初等機率論、初等統計學、數學在物理學與生物學上的應用、……等等，皆在歡迎之列。在劉先生全力支持下，相信工作必然愉快並且富有意義。

我們深切體認到，數學知識累積了數千年，內容多樣且豐富，浩瀚如汪洋大海，數學通人已難尋覓，一般人更難以親近數學。因此每一代的人都必須從中選擇優秀的題材，重新書寫：注入新觀點、新意義，新連結。**從舊典籍中發現新思潮，讓知識和智慧與時俱進，給數學賦予新生命。**本叢書希望聚焦於當今臺灣的數學教育所產生的問題與困局，以幫助年輕學子的學習與教師的教學。

從中小學到大學的數學課程，被選擇來當教育的題材，幾乎都是很古老的數學。但是數學萬古常新，沒有新或舊的問題，只有寫得好或壞的問題。兩千多年前，古希臘所證得的畢氏定理，在今日多元的光照下只會更加輝煌、更寬廣與精深。自從古希臘的成功商人、第一位哲學家兼數學家泰利斯 (Thales) 首度提出兩個石破天驚的宣言：**數學要有證明**，以及**要用自然的原因來解釋自然現象**（拋棄神話觀與超

自然的原因)。從此,開啟了西方理性文明的發展,因而產生**數學、科學、哲學**與民主,幫忙人類從農業時代走到工業時代,以至今日的電腦資訊文明。這是人類從野蠻蒙昧走向文明開化的歷史。

古希臘的數學結晶於歐幾里得 13 冊的《原本》(The Elements),包括平面幾何、數論與立體幾何;加上阿波羅紐斯 (Apollonius) 8 冊的圓錐曲線論;再加上阿基米德求面積、體積的偉大想法與巧妙計算,使得他幾乎悄悄地來到微積分的大門口。這些內容仍然都是今日中學的數學題材。我們希望能夠學到大師的數學,也學到他們的高明觀點與思考方法。

目前中學的數學內容,除了上述題材之外,還有代數、解析幾何、向量幾何、排列與組合,最初步的機率與統計。對於這些題材,我們希望本叢書都會有人寫專書來論述。

II 讀者的對象

本叢書要提供豐富的、有趣的且有見解的數學好書,給小學生、中學生到大學生以及中學數學教師研讀。我們會把每一本書適用的讀者群,定位清楚。一般社會大眾也可以衡量自己的程度,選擇合適的書來閱讀。我們深信,**閱讀好書是提升與改變自己的絕佳方法**。

教科書有其客觀條件的侷限,不易寫得好,所以要有其它的數學讀物來補足。本叢書希望在寫作的自由度差不多沒有限制之下,寫出各種層次的好書,讓想要進入數學的學子有好的道路可走。看看歐美日各國,無不有豐富的普通數學讀物可供選擇。這也是本叢書構想的發端之一。

學習的精華要義就是,**儘早學會自己獨立學習與思考的能力**。當這個能力建立後,學習才算是上軌道,步入坦途。可以隨時學習,終身學習,達到「真積力久則入」的境界。

　　我們要指出：學習數學沒有捷徑，必須要花時間與精力，用大腦思考才會有所斬獲。不勞而獲的事情，在數學中不曾發生。找一本好書，靜下心來研讀與思考，才是學習數學最平實的方法。

III 鸚鵡螺的意象

本叢書採用鸚鵡螺 (Nautilus) 貝殼的剖面所呈現出來的奇妙**螺線** (spiral) 為標誌 (logo)，這是基於數學史上我喜愛的一個數學典故，也是我對本叢書的期許。

鸚鵡螺貝殼的剖面

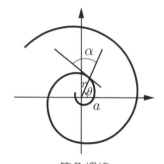

等角螺線

　　鸚鵡螺貝殼的螺線相當迷人，它是等角的，即向徑與螺線的交角 α 恆為不變的常數 $(\alpha \neq 0°, 90°)$，從而可以求出它的極坐標方程式為 $r = ae^{\theta\cot\alpha}$，所以它叫做**指數螺線**或**等角螺線**；也叫做**對數螺線**，因為取對數之後就變成阿基米德螺線。這條曲線具有許多美妙的數學性質，例如自我形似 (self-similar)，生物成長的模式，飛蛾撲火的路徑，黃金分割以及費氏數列 (Fibonacci sequence) 等等都具有密切的關係，結合著數與形、代數與幾何、藝術與美學、建築與音樂，讓瑞士數學家白努利 (Bernoulli) 著迷，要求把它刻在他的墓碑上，並且刻上一句拉丁文：

Eadem Mutata Resurgo

此句的英譯為：

Though changed, I arise again the same.

意指「雖然變化多端，但是我仍舊照樣升起」。這蘊含有「變化中的不變」之意，象徵規律、真與美。

　　鸚鵡螺來自海洋，海浪永不止息地拍打著海岸，啟示著恆心與毅力之重要。最後，期盼本叢書如鸚鵡螺之「歷劫不變」，在變化中照樣升起，帶給你啟發的時光。

> 眼閉
> 從一顆鸚鵡螺
> 傾聽真理大海的吟唱
>
> 靈開
> 從每一個瞬間
> 窺見當下無窮的奧妙
>
> 了悟
> 從好書求理解
> 打開眼界且點燃思想

蔡聰明

2012 歲末

推薦序一

　　本書是介紹有關公鑰密碼相當淺顯而易讀的一本書，對想趕上時代的現代人來說，是一本值得閱讀並須了解的書。作者沈教授目前在數學界被公認是數論權威。由他執筆，讀來輕鬆自然而舒暢愉悅。這本書是他在東海大學開通識課教密碼學的多年講稿，經驗累積編集而成的。本來欲了解公鑰密碼是件艱澀無趣的學習，但經沈教授風趣而深入淺出的講述，比喻成一趟探求哲理之旅，有趣而生動，令人印象深刻而不忍釋手。

　　何謂密碼？指的是不容易被破解的訊息。過去在戰爭中常被使用，如今則在有關電腦之安全系統上用到。它與時並進，隨著數學中有關數論的發展更上一層樓。公鑰密碼就是利用數論而創立的一種密碼。

　　何謂不可能任務？指的是無法達成的任務，但只要對策對了，就能如願地達成，是不？可見問題不在可能或不可能，而在於如何選出對的方法對付，這是關鍵所在。

　　本來數論是數學中屬最純的部門。其發展歷史雖漫長，但因其內容抽象不易搞懂，一直是很冷門，常被認為是最不食人間煙火的題材。不過由於科技的發達，參與的人手眾多，乃帶動了各行各業的進步，其中的電訊業更是一枝獨秀，啓發了安全系統之需。本來密碼是戰爭中被大量使用的，後來因國際貿易興盛，商業上的競爭在所難免，很多商業機密須保護之下，為滿足各界需求，密碼的技術乃有了進一步的發展。新密碼技術——公鑰密碼便應運而生。須知，公鑰密碼是依據數論而建立，數論也因公鑰密碼之為用而讓人刮目相看。其中公鑰指的是公開解開密碼之鑰匙的意思，既是密碼又要公開其解密之鑰，還能算密碼嗎？這豈非怪事一樁？其中的奧密乃在利用數論的原理

——看似平凡無奇，道理卻艱深無比，想破解就得費一番功夫。公鑰密碼之奧妙就在此。

　　這本沈教授的大著作就是在引導讀者了解公鑰密碼與數論之間相因相遂、互通互索的來龍去脈，娓娓道來，很值得讀者一讀再讀。本人非常熱於推荐給有心的讀者。

吳英格

東海大學應用數學系退休教授

2014 年 11 月

推薦序二

　　數學一直被認為是「科學之王」，而數論則更被尊為「數學之皇后」，當然被大學生視為較難上手的課程。通訊則是人類社會所有活動中最重要的一環，通訊科技的發展正在將人類文明更進一步帶入後工業的資訊社會。如何將這看似無關卻又牽連的兩個學科連結在一起，是一件不得了的工程。「密碼術」(Cryptography) 的發展，成功地添補這個空缺，成為「純」（數論）「用」（通訊）的交會橋梁；因此近代密碼學可說是結合數學、電腦科學及人類智慧的一門學科，為跨領域研究成果的最佳呈現之一。

　　本校應用數學系沈淵源教授，畢業於本校數學系，負笈赴美求學，取得馬里蘭大學數學博士學位，專長在代數數論與密碼學研究；曾任教於美國天主教大學，後因師長力邀返回母校任教。本書《不可能的任務——公鑰密碼傳奇》為沈教授有關密碼術的第二本著作，他的第一本著作《密碼學之旅：與 MATHEMATICA 同行》於 2006 年發行，偏重於使用數學軟體 MATHEMATICA 來實現密碼術的加密與解密算法，迄今已有 8 年。此一期間沈教授也陸續撰寫一些密碼的文章發表在《數學傳播雜誌》，甚至也在高中的數學專刊撰文介紹數論與密碼。此本新作主要重點在於透過加密函數的難易程度，對密碼系統做一簡單的分類；藉由對密碼系統的加密、解密過程的需要，引入數論的基本問題與解決方案，這種將艱深的數論問題，融入有趣的密碼實現過程，比先前的書簡單，有些更深入淺出，提供讀者密碼術的全新面貌。

　　沈教授不只是位純粹的數學家，也是個不折不扣的文人，撰寫本書時，將十二講的每講名稱都採用對子來呈現，同時每講的各個子題也以七言詩詞來逐節串連，渾然不像普通理工書籍一般的寫法，而是

以活潑有趣的筆觸，逐步闡明數論與密碼術的發展史，諸如在第七講舉福爾摩斯《跳舞的人》，讓文學與密碼掛上鉤，大大促使年輕學子學習現代密碼術，以至於加強數論的學習動機。

《科學的美國人》雜誌於 1977 年 8 月在數學遊戲專欄中出現一篇文章，題為「數百萬年才解得開的新式密碼」，介紹了 RSA 密碼系統，並提出一項名為 RSA-129 的挑戰。然而由於因式分解技巧得不斷精進與改良，不用數百萬年而是只用 17 年就破解了。這個報導開啟了所謂的「公鑰密碼」時代的來臨，也讓人類在電腦上商業交易活動的安全性，得到一定程度的保障。本書從傳統的密碼學開始討論，自第八講開始討論「公鑰密碼」系統，第九講為全書的精華所在，完整陳述了公鑰密碼的演進背景，以及鑰匙的交換機制，加密與解密的基本想法；第十與十一講說明因數分解的算法，以探討公開公鑰密碼幾種演算方法。最後一講對公開密碼方法稍加修飾，得以應用在數位簽署，以總結本書。

> 數論通訊兩樣情　　密碼術現一家親
> 一十二講費苦心　　簡明扼要話密碼
> 每講前言很重要　　每講結尾也得看
> 從古論今脈絡尋　　深入淺出演算法
> 九講以後仔細讀　　公鑰密碼自能明
> 數位簽署來總結　　一字不著自風流
> 淵源教授數學好　　文學造詣亦不凡
> 藉書說明密碼術　　引導學子入數論

湯銘哲

東海大學校長

2014 年 12 月

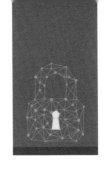

推薦序三

　　蔡聰明教授邀請我為沈淵源教授用他在東海通識課的內容寫成的大作《不可能的任務——公鑰密碼傳奇》寫推薦序。當時我非常惶恐，一方面是我沒寫過推薦序，一方面是我也沒見過幾本中文原著的「數普」書，不知道這樣的書，內容該是如何的。

　　等我認真研讀了此書，發現沈老師是用說書的方式，來呈現上古到 1980 年代前期大部份的「密碼學史話」。而把需要的數學基礎穿插在各講中。第一講算是序，二至七講沈老師重點式的介紹曾出現的（也是已失敗的）古典密碼中種種系統，而這些系統在密碼學教科書中被稱為 "the classical ciphers"，當然也提及了如何使用統計和語言學這兩種工具來破解。在八至十二講，沈老師則扼要的告訴大家現代公鑰密碼學的種種，包括：初始是如何有公鑰或非對稱密碼的概念，常見的實例如 RSA, ElGamal 和數位簽章的概念。

　　看完了本書之後，我倒是感到惋惜：唉，我還在教書的時候要是能有這樣一本中文教材該有多好呢! 我也可以教通識了…

　　由於做為通識課的內容，或者說就限於「數普」，總上課時數和聽眾的注意力能集中的時間都有限，英文能力很可能也有限，所以沈老師整本書除了數學部份全部是「原生中文」，而有很多內容也無法提及。基於完整性讀者大概要知道，沈老師沒法講的部分主要是 1985 年之後出現的公鑰密碼學(如橢圓曲線公鑰密碼系統 ECC 和基於絡的公鑰密碼系統 NTRU) 和 1970 左右開始的現代的對稱密碼學。

　　現代的對稱密碼學給沈老師所提到的兩個大問題提供了解決方案。最主要的內容涵蓋了區塊式或串流式對稱密碼系統 (block or stream ciphers) 和密碼學中要用到的偵錯碼如雜湊函數 (Hash Function)。區塊式密碼系統如 AES / DES，串流式密碼系統如 RC4，它們就是用於解決公鑰密碼演算法往往慢到無法加密或簽署一整篇內容的問題，因為公鑰密碼用於加解密時，可以只限用於張三、李四同意一個密鑰，接下來雙方就用這個密鑰來加密，並持續一個雙方事先合意的時間。雜湊函數，或說「不可逆且不可重覆的單向壓縮」，如 MD5 和 SHA-1，則可以把任何內容壓縮或說「摘要」到一個固定長度的偽亂數（像目前的標準 SHA-2 是 256 位元長），而所謂對某個內容做數位簽章，也就限於對這個「文摘」來簽署。

那如果要了解這些課題呢? 對不起，您大概真得上一學期大學理工科的密碼學入門不可了。看過這本書，讀者您也可以懂得大概何謂密碼學。作為數普，這樣非常足夠了。

楊柏因

中央研究院資訊科學研究所研究員

2014 年 12 月

推薦序四

「密碼世界」的大亮點

沈淵源教授多年來在數學領域的涉獵甚廣，舉凡代數、數論、密碼學等方面皆卓然有成，教導菁英學子無數，更培育出國內眾多頂尖科技人才。近年來他對密碼學的深入探討及研究，且把自己鑽研的心得及智慧融入生活化的思考中，然後一字一文、點點滴滴集結成書。除了感佩他專注的研究精神，更領會到他專業、敏銳的覺察力及寬闊的博學思維。

端詳「不可能的任務──公鑰密碼傳奇」一書的初稿，是秋夜之際，於家中細細品讀與體會，很自然也把自己帶進了密碼世界的思維中。看到此書精闢的十二個密碼系統篇章，可說篇篇精彩絕倫，條理分明。其間對於傳統密碼學的概述、質數、二進 GCD 演算法、凱薩密碼（位移密碼）、mod 運算及密碼學、密碼術、破密學的區分（密碼學＝密碼術 ∣ 破密學）等等，皆透過內容例題的過程解析與論述來導引讀者，學習素材豐富，更屬難得。亦彰顯出沈淵源教授編寫此書的用心，架構深入淺出的學習內容讓讀者易學易懂。所以這本書應可視為研究密碼學的專業參考書籍。當看完本書後，相信對於通信系統之加密、解密有濃厚研究興趣的讀者而言，專業智識的取得必定是大豐收。入門領悟將不再那麼充滿壓力、棘手。

喜見此書的出版。因為在現今 e 世代的科技趨勢及資訊通達的社會結構，生活中猶需透過方便、快速的通信來擴張彼此互動，亦同樣要仰賴精巧、細膩的保護技術來維護個人或團體權益的安全性。無怪

乎生活中都存在著網路領域的安全危機、保密危機。或許我們真的處於這種危機四伏的世界裡，然而我們確無從選擇，因為它已成為我們生活、工作該面對的課題之一。假若我們可以再深入了解一點，多去探討一點，那必然能夠減輕些許心理擔憂。所以此書出版後將是讀者探索「密碼世界」的實用叢書，為大家的困頓開啟一扇智慧之門。

最後，感謝淵源教授將此大作讓我先睹為快的機會，也提供很多可以由大家思考、解析及討論的話題。誠如教授所譬喻：用我們有限的理性去探討奧祕又豐盛無比的真理。或許它存在著有生之年都無法破解的密碼，但時間、成本與安全程度孰重孰輕? 且讓我們在學習過程中透過論證、思辯激盪出更深的智慧火花，更讓我們拭目以待!

羅文貴

華盛頓高級中學 / 華盛頓雙語小學 /

華盛頓文教基金會　創辦人

2014 年 11 月

自　序

　　數學並非只是研究數的一門學問，只要上網看看數學主題分類檔案[1]MSC2010 即可了然於心。真正研究數的學問稱之為「數論」。英國大數學家戈弗雷・哈羅德・哈代 (G. H. Hardy) 在上一世紀的 40 年代曾提到 [20]: 數論乃純數中的純數，是遠離一般人類活動的一門學科。所謂的「純」，在有些人的觀念裡跟「無用」是畫上等號的。「純」與「用」可能交會嗎? 值得我們深思。

　　通訊 (communication) 是人類所有活動中最重要的一個環節。這是怎麼說的呢? 只要想一想: 古今中外，為政者對那些犯罪的人最嚴厲的處罰是什麼呢? 不就是斷絕其對外的接觸聯繫嗎? 人被造，具有永恆的觀念在心裡; 卻有個物質的身體，生活在這個有限的時空界當中。因此，人就徘徊在永恆界與物質界之間、在無限與有限的交叉點上度過你今生的日子。這也是為什麼我們或有時、或常常會抱怨抑嘆息說:

「做人難、人難做、難做人。」

所以在這時間與空間的捆綁束縛當中，很自然的，人試圖尋求各式各樣的方法與管道來突破並解脫這時空的限制。不必透過時光隧道，藉著記憶的功能可以讓時間逆流回到過去; 透過盼望的功能卻能超越時間的進程跑向未來[2]。實際上，若從另一角度來看，通訊本身豈不就

---

[1] 此即 2010 年版本的數學主題分類 (Mathematics Subject Classification)，詳見網頁 http://www.ams.org/mathscinet/msc/pdfs/classifications2010.pdf。

[2] 唐崇榮博士在其「神的形像」講座 [51] 中提到人與萬物之差異的時候當中第五項說: 人是唯一能藉著回憶與盼望，超越現世而進到永恆範圍裡面的活物。

是為了打破時空限制而有的嗎？詩云：

> 「它使居住在相異兩地的難兄難弟，
>> 或在近處或在遠方，或是在新天新地之上；
>> 都如同面對面一樣，全然沒有空間的距離。
> 它也可以讓你將現今的資訊存留，
>> 或在此刻或在彼時，或是在千秋萬世之後；
>> 都好比這時刻一樣，全然沒有時間的隔閡。」

然而，在打破時空限制之餘，人卻總是似醉如痴地保守一些私密不為他人所知；由個人小事乃至國家大事，自古皆然。就個人而言，從小我們就有此種雅好痴狂，這可從小時候所玩的各種遊戲窺見一二；或互遞紙條、或交頭接耳、或竊竊私語，而保守祕密的對象則是兄弟姊妹、同學朋友甚至是父母老師。就國家而言，上位者試圖保守其政治、經濟、軍事祕密不為他國所知；在歷史之中，可說是屢見不鮮。君王及將領使用一些最基本的密碼來跟他們的部屬聯絡，為的是要防止敵方知道他們的重要軍事消息。

隨著社會的進步，私人、公司與國家的權益變得更敏感；所以，使用更精巧、更細膩的技術來保護資料的需求也就與日俱增。當下，我們就活現在這所謂的 e 世代裡頭；因而此種需求，也就比起以往會更加的顯著、更加的迫切。當世界變得更密不可分時，人們對資訊及電子服務的需求就會不斷的加增，而更多的需求帶來對電子系統更大的依賴。目前，透過網際網路來交換重要資訊，如信用卡號碼者，已是司空見慣且極為平常。所以保護資料以及電子系統的安全，對我們的生活方式而言，乃是不可缺少的一環。

　　保護資料所需的技巧，一般說來不僅是精彩絕倫；更且是令人拍案叫絕，通常歸屬於密碼術的領域。在過去的一萬四千多個日子裡，這是一個相當活躍的研究領域；特別是個人電腦普及化以來，更是銳不可當。近代密碼術可說是奠基於數學（特別是數論）、電腦科學及聰明智慧上的一門學科，而其程度既深且厚。

　　本書乃依據加密函數的難易程度，對密碼系統作一簡單的分類；本此分類，再對各個系統作一深入淺出的導引工作。若加密函數是單向函數❸，那麼我們就可以將加密相關的資訊全部公開；這就是所謂的公鑰密碼系統，也是現代密碼學與傳統密碼學分道揚鑣的地方。在此指導方針之下，我們勾畫出密碼學簡明扼要的些許篇章如下：

🄿 數論密碼何相干—你濃我濃情意深

🄿 位移密碼最簡單—凱撒大帝報首捷

🄿 仿射密碼也不難—線性函數帥呆了

🄿 維吉內爾不可破—位移變形最奇絕

🄿 希爾密碼靠矩陣—你來我往互動勤

🄿 代換簡單莫小看—階乘速增了不得

🄿 密碼文學掛上鉤—福爾摩斯跳舞人

🄿 山窮水盡疑無路—公鑰密碼多傳奇

---

❸一個函數 $f(x)$ 稱之為單向函數 (one-way function)，如果函數值 $f(x)$ 可在短時間內計算出來；但給予 y，要找滿足 $f(x)=y$ 的 x 在計算上是不可行的 (infeasible)。

🔒 柳暗花明又一村—上帝疼愛憨厚人

🔒 因數分解看似易—瑞沙葉首建奇功

🔒 離散對數真是難—艾加莫另立山頭

🔒 數位簽署難上難—不著一字自風流

　　所以，現在就歡欣上路；用我們這有限的理性來探討那深藏無限奧祕而又豐盛無比的真理，展開這趟令人興奮無比的數論與密碼之旅。

沈淵源

2014 年 11 月

To my mother who is still struggling
between life and death

獻給我仍與死亡搏鬥的母親

不可能的任務
——公鑰密碼傳奇

CONTENTS

第一講

數論密碼何相干—你濃我濃情意深

英國大數學家哈代 (G. H. Hardy) 在他的自傳《一個數學家的辯白》中曾提到 [20]：數論乃純數中的純數，是遠離一般人類活動的一門學科。所謂的「純」，在有些人的觀念裡跟「無用」是畫上等號的。「純」與「用」可能交會嗎？值得我們深思。

1.1 記得當年正年少

當我們小的時候，或多或少會玩過一些密語的遊戲；就是以一種很頑皮的方式傳達信息給對方，懂的人就知道你在講什麼，不懂的人就像鴨子聽雷似的根本不曉得你在胡說些什麼。比如我們要說：「即刻寄錢來」，但講的時候把每個字注音的最後一個音省略，若只有一個音就還是發那一個音。所以講出來就變成

「ㄐ ㄎ ㄐ ㄑ‥ ㄌ」

請問你抓得到什麼意思嗎？這個例子當然還不夠格稱得上密碼，僅僅是一個有趣的開場白而已。然而卻讓我們領略到如何把看得懂的信息，稱之為明文 (plaintext)；轉換成看不懂的密碼，稱之為密文 (ciphertext)。這種轉換不僅僅是一個函數關係 f，而且還得是一對一函數才行；否則就會產生如上例密文ㄐ擁有兩個不同的明文之現象。此函數關係 f，理所當然稱之為加密函數；而其反函數 f^{-1}，則稱為解密函數。底下我們會看一個簡單無比卻是真真正正密碼的例子；雖是簡單，依舊能讓你體會到數論在密碼術中的份量。

難怪國際知名的資訊安全專家布魯斯・施奈爾❶(Bruce Schneier)
在其《應用密碼術》(*Applied Cryptography*)[40] 一書中開宗明義就說
到：

...almost all cryptologists are also theoretical mathematicians

（……幾乎所有的密碼學家同時也是理論數學家）

並在第二本暢銷書《祕密與謊言》(*Secrets and Lies*)[41] 的序言中更進
一步說：

Cryptography is a branch of mathematics.

（密碼術乃是數學的一個分支。）

▲ 布魯斯・施奈爾　　　　　　出處：Simon Law

---

❶ 施奈爾 (Schneier) 是一位國際知名的資訊安全專家和作家。經濟學家譽之為安
全宗師。他的第一本暢銷書《應用密碼術》，被稱譽為密碼術的經典之作。他
是 Counterpane Internet Security, Inc. 的創辦人，同時也是這個公司的 CTO，其
著作翻譯為中文者有《祕密與謊言》，由商周出版社於 2001 年 9 月 16 日初版
發行。施氏的詳細介紹，可至 http://www.schneier.com/。

　　另一方面，我們也看到數論專家如位於西雅圖之華盛頓大學 (Washington University at Seattle) 的尼爾・寇伯立茲❷(Neal Koblitz) 在 1980 年代的中期將橢圓曲線理論引進密碼術當中 [30] 並撰寫了兩本數論與密碼學的書 [31, 32]。

▲尼爾・寇伯立茲

還有好幾個理論數學家在最近幾年也都不約而同撰寫了數論應用在密碼的書籍，其中之二為馬利蘭大學 (University of Maryland) 的羅倫斯・華盛頓 (Lawrence C. Washington) [52, 55] 以及在羅德島 (Rhode Island) 布朗大學 (Brown University) 的約瑟夫・希爾弗曼❸(Joseph H. Silverman) [45]。

---

❷寇伯立茲 (Koblitz) 是華盛頓大學數學系教授，1948 年聖誕夜出生；他也是加拿大滑鐵盧大學 (University of Waterloo) 應用密碼研究中心的兼職教授，以橢圓曲線密碼及超橢圓曲線密碼創造者著稱。1969 年畢業於哈佛大學，1974 年在 Nick Katz（目前尚未退休仍在普林斯頓大學）的指導下從普林斯頓大學拿到博士學位。

❸希爾弗曼 (Silverman) 是布朗大學數學系教授，1955 年於紐約市出生；1977 年畢業於布朗大學，1982 年在 John Tate（2009 年退休，2010 年得阿貝爾獎 Abel Prize）的指導下從哈佛大學拿到博士學位。曾任教於麻省理工 (1982–1986) 以及波士頓大學 (1986–1988)，1988 年回布朗大學任教至今。

▲羅倫斯‧華盛頓　　　▲約瑟夫‧希爾弗曼

1.2 且看簡單一實例

現在我們用英文的二十六個字母來傳達這個信息：

SEND MONEY IMMEDIATELY

首先我們用 CRYPTOGRAPHY 當成所謂的加密鑰匙 (Encryption Key)，將重複的字母 (RPY) 去掉剩下 CRYPTOGAH，然後把這些字母安放在依序排列的二十六個字母下方,再將其餘字母依序排列如下：

A	B	C	D	E	F	G	H	I	J	K	L	M
C	R	Y	P	T	O	G	A	H	B	D	E	F
N	O	P	Q	R	S	T	U	V	W	X	Y	Z
I	J	K	L	M	N	Q	S	U	V	W	X	Z

很顯然的，這是二十六個英文字母之間的一一對應關係; 若把上一行的字母用下一行對應的字母代換, 那麼加密後的密文就是：

NTIP FJITX HFFTPHCQTEX

1.3 安全等級誠可慮

代換法雖然對長一點的信息來說並不是一個妥善保持信息安全的好方法，但誰能識破其真相呢? 值得懷疑! 因為從觀察密文 NTIP FJITX... 中，重複的字母提供了唯一的線索。由此線索推論出來與原信息同一形式的可能信息是:

LIST MUSIC..., MINE TUNIS... 或 DRAW CHART...

當然你如果知道那加密的鑰匙以及整個方法，你就能如法製作上表並將整個過程逆推回去得到原信息。這意味著解密的鑰匙很容易就可以從加密的鑰匙得到，此乃古典密碼術的特性，通常稱之為對稱式密碼系統。所以這整個信息的安全性，完全掌控在那加密的鑰匙，只要能保住這把鑰匙的祕密性，則安全性大抵上沒問題。雖是如此，這裡還是有重重的困難需要考慮並加以解決的:

🔒 這把鑰匙是傳遞信息的雙方都要知道的，只要有一方沒保住，安全性就會被破壞。

🔒 何況眾多時候傳遞信息的對象是多方的，而人多口雜，這樣一來安全性更是可慮。

🔒 從另一個角度來看，如果鑰匙很複雜，複雜到必須寫下來; 那麼被發現的機率更是有增無減。

🔒 而且利用此法互通信息時，也必須事先安排好如何讓要祕密通信息的雙方或多方同意或知道這把鑰匙; 這整個的「事先安排」也必須妥善極機密的進行才可以。

由於這種種的原因，刺激人們去思索、去探究更高竿或更深入的密碼術。所以我們希望信息的安全性不會受制於鑰匙的祕密性，亦即我們希望信息的安全性能獨立於鑰匙的祕密性。換句話說，我們最最想要達到的終極目標是：

　　　　給你加密鑰匙，你只能將原信息變成密碼文；

　　　　卻無法將密碼文破解，回歸其盧山真面目。

這對古典密碼系統來說是不可能的，因為解密鑰匙與加密鑰匙是對稱的，公開了加密的鑰匙就等於是公開了解密的鑰匙。所以，我們必須將加密鑰匙與解密鑰匙之間的對稱性打破；這是突破僵局僅剩的希望，也是唯一的管道。很自然的，說到鑰匙就會聯想到門。有許多公共建築物的大門，當你從建築物內往外走，只要將門一推即可，毫無困難。但反過來則否，必須有鑰匙才能從門外回建築物內。從門內將門一推，表面上好像不需鑰匙，實際上那推的動作因為人人都知道，可以看成是公開的鑰匙。門裡門外是全然不同的兩個世界。

1.4 　靈感何處可尋覓

　　如何打破加密鑰匙與解密鑰匙之間的對稱性呢？剛剛門的比喻給了我們些許的啟發與暗示。出去是

　　　　　　「簡單、容易、快速」，

進來卻

　　　　　　「複雜、困難、緩慢」；

也就是說，一個方向是「簡、易、速」，另一個方向則是「雜、難、慢」。具有這樣性質的東西究竟是什麼呢？是一個運算嗎？是一個函數

嗎？還是一個演算法？這整個探索過程的歷史是相當耐人尋味的，不過我們得等到介紹公鑰密碼系統時再來分曉。

所以現在我們的想法是——在數學裡面尋找一種運算、函數或演算法，它的計算速度要非常快但其逆過程的計算速度卻要非常慢。這樣極其強烈對比的奧祕何處尋？看似遠在天邊卻是近在咫尺。還記得你小學的時候學了那些東西嗎？加減乘除和差積商，不就是這些四則運算嗎？偏偏就在這最簡單的東西裡面，卻蘊藏著高深無比的道理。以前甚至現在，我們從來不認為「兩個數相乘」會是一件大不了的事；即使這兩個數非常大，我們也不曾把它放在眼裡；而事實也的確如此。相對的，我們也不覺得把「一個數分解成比原本小的兩個數的乘積」會是一件多偉大的事情；我們之所以不覺得，是因為當年老師對我們太仁慈了，給我們分解的數還不至於太大，頂多四、五位數，要是再大一點，恐怕就不是那麼容易了。

現在，我們且把這件「看似」沒什麼了不起的事，用更明確、更有條理的數學語言白紙黑字寫下來：

找出兩相異質數 p 與 q，然後將其相乘得到積 $n = pq$

這整個過程比起其逆過程

給一個整數 n，將之分解成兩質數 p 與 q 的乘積

來得簡單快速許多。

我們姑且先在這兒停下來，回頭介紹一些些簡單的數論（請參閱下列華羅庚等數論專家的書 [25, 35, 39, 3] 或任何基本數論的書）；接下去的十講也會採取同樣的方式，數論與密碼輪流介紹免得變成單調

乏味。休息是為了走更遙遠的道路，學習則提供捷徑讓我們跨越、讓我們使用。

希望遠路成近路，而死胡同變活巷弄。

1.5　簡易數論 ABC

現在回到小學生所學的整數 $\mathbb{Z}$，包括正整數、負整數及零；當然對負數的理解得等到高年級的時候才比較成熟，因此讓我們先停留在自然數（即正整數）上且做一回的小小學生。

▲克羅內克　　　　　▲格奧爾格·康托爾　　　　▲恩斯特·庫默爾

數學家利奧波德·克羅內克❹(Leopold Kronecker) 曾說：「上帝創造了自然數，其餘都是人的工作。」其實他對上帝的認識，不僅太膚淺

---

❹克羅內克（Leopold Kronecker，見上圖左，1823 年 12 月 7 日—1891 年 12 月 29 日），德國數學家與邏輯學家，出生於利格尼茨（現屬波蘭的萊格尼察），卒於柏林。他認為算術與數學分析都必須以自然數為基礎。這與數學家格奧爾格·康托爾（Georg Cantor，見上圖中）的觀點相互對立。克羅內克是恩斯特·庫默爾（Ernst Kummer，見上圖右）的學生和終身摯友。

而且層次不高。上帝的創造，除了大自然外還有許許多多的活物；而其創造的最高峰乃是按著祂自己形像、樣式所造的人，所以人只不過是上帝的傑作而已。

　　這裡實在是有太多的東西好講，在此我們只挑與密碼相關的三樣東西：整除性、質數及最大公因數。

🔒整除 (Divides)：先從整除性說起。我們說一個數 a 整除一個數 b，如果有一個數 c 使得

$$b = ac$$

而以符號 $a|b$ 表示之。換句話說，a 除 b 之後沒有餘數。a 稱為 b 的一個因子，而 b 則稱為 a 的一個倍數。例如：$6|12$，$(-14)|98$，然而 $7 \nmid 11$。

🔒質數 (Primes)：若給你一個數，你就試著要把這個數分解成兩個數的乘積；還不夠，那就再分解，一直到沒辦法再分解為止。此乃基於小數容易掌控的心理罷! 如

$$360 = 36 \times 10 = 6 \times 6 \times 2 \times 5 = 2 \times 3 \times 2 \times 3 \times 2 \times 5$$

不能再分解的數就是所謂的質數 (prime numbers)。更明確的說，一個數 $p > 1$ 稱之為質數；若此數僅有的因子為 1 及 p。質數是非常的重要，如算術基本定理所顯示的；對乘法而言，質數乃是建造整數的磚塊，是整數當中最基本的元素。

也許你會說，所有這些東東我老早就知道了；沒什麼新奇的，簡直無聊透頂。那麼，我請問你，你雖然知道質數有無窮多個，但你可知道

　　　　「目前已知最大的質數是多少嗎?」

答案當然不是「要有多大就有多大」，為什麼呢? 想想看，隨便給你一個整數，你能馬上回答此數就是質數嗎? 也許你說: 給我些許時間我就可以給你答案。好吧! 那你就隨便挑一個一百位數，再試試看如何? 其實，你的知道只是理論上的知道，而不是實作上的知道。判斷一個整數是否為質數乃是一個大挑戰，但已被證實存在有演算法，可在多項式時間內完成 [1]。在此先介紹兩類有趣的質數。

1. 梅森質數 (Mersenne Primes): 形如 $M_p = 2^p - 1$ 的質數稱之為梅森質數。此類質數與完全數有關，目前已知最大的質數就是這一類的質數為

$$2^{57885161} - 1$$

這是已被發現的第 48 個梅森質數，由 GIMPS❺團隊於 2013 年 1 月 25 日發現。請進入迦爾德威爾 (Chris K. Caldwell) 所精心設計的質數網頁 [37] 遨遊一番。

2. 費馬質數 (Fermat Primes): 形如 $F_n = 2^{2^n} + 1$ 的質數稱之為費馬質數。前面五個費馬質數為

$$F_0 = 3,\ F_1 = 5,\ F_2 = 17,\ F_3 = 257\ \text{與}\ F_4 = 65537$$

當年費馬因此推斷所有這一類型的數通通是質數，但奇怪的是，這五個數卻是目前僅知的費馬質數。於是就有人猜測說: 僅僅存在有限多個費馬質數。聰明的你認為呢?

---

❺ 乃 The Great Internet Mersenne Prime Search 的縮寫。這是此大搜索團隊所發現的第 14 個，之前的三個是 $2^{43112609} - 1$, $2^{42643801} - 1$ 與 $2^{37156667} - 1$，分別在 2008 年 8 月 23 日，2009 年 6 月 13 日與 2008 年 9 月 6 日發現。詳情請進入其網站，網址為 http://www.mersenne.org/prime.htm。

梅森 (Mersenne)　　　　▲費馬 (Fermat)

❶最大公因數 (Greatest Common Divisor)：二整數 a 與 b 的最大公因數，符號為 $\gcd(a, b)$，就是同時整除 a 與 b 的最大正整數。如：$\gcd(64, 14) = 2$，$\gcd(7, 11) = 1$。若 $\gcd(a, b) = 1$，我們就稱 a 與 b 互質。眾所周知，有兩個標準的方法可以用來求最大公因數。

1. 因數分解法：若你有辦法將 a 與 b 這兩個數分解成質因數的乘積，那就做吧！對每一個質因數，看看它出現在 a 與 b 的分解式中的次冪。取兩者中較小的那個次冪，然後將這些較小的質數次冪放在一起即可得到最大公因數。透過實例最容易了解這一切，且看：

$$\gcd(5184, 189) = \gcd(2^6 \times 3^4,\ 3^3 \times 7) = 3^3 = 27,$$
$$\gcd(3528, 700) = \gcd(2^3 \times 3^2 \times 7^2,\ 2^2 \times 5^2 \times 7) = 2^2 \times 7 = 28。$$

注意：若一質數不出現在任何一個分解式中，則此質數當然就不會出現在這個最大公因數當中。

2. 輾轉相除法 (Euclidean Algorithm)：若 a 與 b 是兩個大數，所以有可能不容易分解因數。此時我們可透過所謂的歐幾里德演算法（即輾轉相除法）來計算最大公因數。這可追溯到每個人在小學時所學過的帶餘數的除法。舉個例子遠勝過千言萬語的解說或僅僅列出公式，且看：

◉ 例題 1.1

試計算最大公因數 gcd(482, 1180)。

● 解 將 482 除 1180，其商為 2 而餘數為 216。然後將此餘數 216 除 482，其商為 2 而餘數為 50。再將此餘數 50 除前一個餘數 216，其商為 4 而餘數為 16。如此這般的進行下去，即將最新的餘數除前一個餘數。最後那個非零的餘數就是所要求的最大公因數，在此例為 2：

$$1180 = 2 \times 482 + 216$$
$$482 = 2 \times 216 + 50$$
$$216 = 4 \times 50 + 16$$
$$50 = 3 \times 16 + 2$$
$$16 = 8 \times 2 + 0$$

⊘ 注意 觀察一下這些數的角色是怎麼個變動法：

餘數→除數→被除數→退隱山林或下臺一鞠躬。

◉例題 1.2

試計算最大公因數 gcd(23500758, 24636369)。

◉ 解　輾轉相除之得

$$24636369 = 1 \times 23500758 + 1135611$$
$$23500758 = 20 \times 1135611 + 788538$$
$$1135611 = 1 \times 788538 + 347073$$
$$788538 = 2 \times 347073 + 94392$$
$$347073 = 3 \times 94392 + 63897$$
$$94392 = 1 \times 63897 + 30495$$
$$63897 = 2 \times 30495 + 2907$$
$$30495 = 10 \times 2907 + 1425$$
$$2907 = 2 \times 1425 + 57$$
$$1425 = 25 \times 57 + 0$$

因此得到 gcd(23500758, 24636369) = 57。

▲歐幾里得 (Euclid)

⊘注意　關於輾轉相除這個演算法，值得一提的有
　　　──不需要將此兩數 a, b 加以分解，所以演算的速度相當
　　　　快。
　　　──但還有比這更快的，稱之為二進 GCD 演算法，由約瑟
　　　　夫‧史坦因[6](Josef Stein) 在 1967 年所提出的 [48]；故
　　　　又稱為史坦因演算法 (Stein's Algorithm)，接下來就是
　　　　要介紹這個演算法。

3.二進 GCD 演算法[7](Binary GCD Algorithm)：假設 $1 < a < b$ 為二正
整數。記得嗎? 在上面的輾轉相除法中，我們所用到的基本原理乃
是：

$$\gcd(a,\, b) = \gcd(a,\, b - ma)$$

其中所取的 m 乃最大的正整數，使得 $b - ma \geq 0$。此 m 是透過長除
法完成的，但長除法之運算相對地說來是挺花時間的。若取 $m = 1$，
則速度當然會很快。另外除以 2 之運算也是極端快速的，特別是在
機器語言中。若 a 與 b 都是偶數，則我們有

$$\gcd(a,\, b) = 2 \times \gcd(a/2,\, b/2)$$

若 a 為奇數，b 為偶數，則我們有 $\gcd(a,\, b) = \gcd(a,\, b/2)$。
所以得到這個二進 GCD 演算法的步驟如下：

───────────────────────────↑

[6] 約瑟夫‧史坦因 (Josef Stein) 乃以色列物理學家及程式設計師。

[7] 雖然這個演算法第一次由約瑟夫‧史坦因在 1967 年於《計算物理》期刊所提
　　出 [48]，但在第一世紀的《九章算術》已有此演算法的描述。

(a)若 a 與 b 都是偶數，則將二數同時除以 2；亦即將 a 與 b 分別用 $a/2$ 與 $b/2$ 來取代。重複此步驟直到有奇數出現為止。令 r 為執行此步驟的次數。

(b)若有一個是偶數，將此偶數擺在 b 的位置並將 b 用 $b/2$ 來取代。重複此步驟直到變成奇數為止。

(c)若 $b = 1$，則 $\gcd(a, b) = 2^r$。

(d)若都是大於 1 的相異奇數，則將大數擺在 b 的位置並將 b 取代為 $b - a$ 再回到步驟(b)。

(e)若 $b = a$，則 $\gcd(a, b) = 2^r \times a$。

為方便起見，我們用 (a, b) 來表示 $\gcd(a, b)$。且看下面兩個極其簡單的例子並將上面的第二個例子用此法再算一次：

● 例題 1.3

試計算最大公因數 $\gcd(30, 42)$。

● 解 $(30, 42) = 2(15, 21) = 2(15, 6) = 2(15, 3)$
$\qquad\qquad = 2(3, 15) = 2(3, 12) = 2(3, 6) = 2(3, 3) = 6$

因此得到 $\gcd(30, 42) = 6$。

● 例題 1.4

試計算最大公因數 $\gcd(56, 72)$。

● 解 $(56, 72) = 2(28, 36) = 2^2(14, 18)$
$\qquad\qquad = 2^3(7, 9) = 2^3(7, 2) = 2^3(7, 1) = 2^3$

因此得到 $\gcd(56, 72) = 8$。

●例題 1.5

試計算最大公因數 gcd(23500758, 24636369)。

● 解　(23500758, 24636369) = (24636369, 23500758)

　　　= (24636369, 11750379) = (11750379, 24636369)

　　　= (11750379, 12885990) = (11750379, 6442995)

　　　= (6442995, 11750379) = (6442995, 5307384)

　　　= (6442995, 663423) = (663423, 6442995)

　　　= (663423, 5779572) = (663423, 1444893)

　　　= (663423, 781470) = (663423, 390735)

　　　= (390735, 663423) = (390735, 272688)

　　　= (390735, 17043) = (17043, 390735)

　　　= (17043, 373692) = (17043, 93423)

　　　= (17043, 76380) = (17043, 19095)

　　　= (17043, 2052) = (17043, 513) = (513, 17043)

　　　= (513, 16530) = (513, 8265) = (513, 7752)

　　　= (513, 969) = (513, 456) = (513, 57)

　　　= (57, 513) = (57, 456) = (57, 57) = 57

　　　因此得到 gcd(23500758, 24636369) = 57。

🔑【二進位數與 ASCII】

　　眾所周知，電腦世界中，用 0 與 1 的字串來表示資料遠比用英文字母及數字來得自然些。數字可以轉換為二進位數。標準方式是以 10 為底來表示一個數。例如，711 表示 $7 \times 10^2 + 1 \times 10^1 + 1 \times 10^0$。二進制用 2 代替 10 且僅需數字 0 與 1。例如，1011000111 表示 $1 \times 2^9 + 0 \times 2^8 + 1 \times 2^7 + 1 \times 2^6 + 0 \times 2^5 + 0 \times 2^4 + 0 \times 2^3 + 1 \times 2^2 + 1 \times 2^1 + 1 \times 2^0$（這等於十進制中的 711）。每個 0 或 1 就稱為一個二進位數字 (binary digits)，

簡稱位元 (bit)。用到八個位元來表示的數就稱為八位元數 (8-bit number)，或一位元組 (byte)。最大的八位元數為 255，而最大的十六位元數為 65535。

我們經常要處理的東西不僅僅是數字而已。在這種情形之下，所有的符號、字母與數字就得先轉換成二進制數字。有許多不同的方式可以來完成這件工作，其中之一就是所謂的美國標準資訊交換碼 (American Standard Code for Information Interchange)，簡稱 ASCII（念成 ass-key）。每一個符號用一個 7 位元的數表示之，這一來就有 128 個可能的符號。但電腦所普遍使用的是 8 位元，因此之故，一個符號經常就用 8 位元來表示。第 8 個位元可用來當成傳輸時的錯誤更正碼，或經常拿來擴張表列之符號包括像 ü 與 è 等之符號。

這裡就是 ASCII 符號表。我們不會用到，之所以放在此處，只是想讓你看一下文字是怎麼編碼成為一個 0 與 1 所組成的序列。

0 NUL	1 SOH	2 STX	3 ETX	4 EOT	5 ENQ	6 ACK	7 BEL
8 BS	9 HT	10 NL	11 VT	12 NP	13 CR	14 SO	15 SI
16 DLE	17 DC1	18 DC2	19 DC3	20 DC4	21 NAK	22 SYN	23 ETB
24 CAN	25 EM	26 SUB	27 ESC	28 FS	29 GS	30 RS	31 US
32 SP	33 !	34 "	35 #	36 $	37 %	38 &	39 '
40 (	41)	42 *	43 +	44 ,	45 -	46 .	47 /
48 0	49 1	50 2	51 3	52 4	53 5	54 6	55 7
56 8	57 9	58 :	59 ;	60 <	61 =	62 >	63 ?
64 @	65 A	66 B	67 C	68 D	69 E	70 F	71 G
72 H	73 I	74 J	75 K	76 L	77 M	78 N	79 O
80 P	81 Q	82 R	83 S	84 T	85 U	86 V	87 W

88 X	89 Y	90 Z	91 [	92 \	93]	94 ^	95 _
96 `	97 a	98 b	99 c	100 d	101 e	102 f	103 g
104 h	105 i	106 j	107 k	108 l	109 m	110 n	111 o
112 p	113 q	114 r	115 s	116 t	117 u	118 v	119 w
120 x	121 y	122 z	123 {	124		125 }	126 ~	127 DEL

1.6　輾轉妙變成遞迴

在上面輾轉相除法中，我們並沒有去驚動到商 q_1, q_2, $q_3 \cdots$，甚至連碰都沒碰一下。感覺上，他們應該很有用才對，且看下面的分析。通常談到最大公因數時，我們都會提到一個非常基本的事實：給予二整數 a 與 b，必存在有整數 x 與 y 使得

$$ax + by = \gcd(a, b)$$

換句話說，a 與 b 的最大公因數可以用這兩個數的一個線性組合來表示。在理論上，此性質有著很重要的應用，特別是 a 與 b 互質時。但怎麼證明呢? 可簡單描述如下：考慮形如 $ax + by$ 之整數所成的集合。透過正整數之良序性，我們知道這個集合有一最小的正整數，姑且稱之為 d。然後再利用長除法可證明這個集合中的每一個元素都是 d 的一個倍數。由此很容易就可推論得到我們所要的結果。這樣的證明，雖說是簡潔漂亮; 但美中不足的是，在整個證明的過程當中，我們尋不到怎麼樣去找 x 與 y 的蛛絲馬跡。我們要的乃是一個建構式的證明 (constructive proof)，亦即在證明當中，同時也能告訴我們怎麼樣去找 x 與 y。在目前的例子中，其演算法實際上是隱藏於輾轉相除法中。

所以讓我們重頭再來一遍：令 $a = r_0$, $b = r_{-1}$。輾轉相除之，得到

$$r_{j-2} = q_j r_{j-1} + r_j, j = 1, 2, \cdots, n+1 \tag{1.1}$$

這意味著 $r_{n+1} = 0$ 且 $r_n = \gcd(a, b)$。若從第 n 個除式逆推回去，不難看出最後餘數可用前兩個餘數的線性組合表示；如此這般直往前推，到末了就得到所要的結果。但不同的是，此次我們實實在在的算出了 x 與 y。

再看一次上面的例題 1.1：$\gcd(482, 1180) = 2$，我們會用到那兒計算時的一些數。透過其中的那些餘數 216, 50, 16, 2 逆流而回到原先的兩個數 1180 與 482，而最後得到最大公因數 2 為 1180 與 482 的一個組合。由第四行開始，我們有 $2 = 50 - 3 \times 16$，所以把 2 表示成前兩個餘數的組合。往上移動一行，可將餘數 16 寫成 216 與 50 的組合，再代入上式得

$$16 = 216 - 4 \times 50 \Rightarrow 2 = 50 - 3 \times 16 = 50 - 3 \cdot (216 - 4 \times 50)$$

故有 $16 = 13 \times 50 - 3 \times 216$。現已用過 gcd 演算過程中後兩個非零餘數。將上一未用過的餘數 50 表示成 482 與 216 的組合，再代入上式得

$$2 = 13 \times (482 - 2 \times 216) - 3 \times 216 = 13 \times 482 - 29 \times 216$$

最後將 216 代換成 $1180 - 2 \times 482$ 得到

$$2 = 13 \times 482 - 29 \cdot (1180 - 2 \times 482) = 71 \times 482 - 29 \times 1180$$

此即最大公因數 2 表示成 1180 與 482 之組合的式子。只要輾轉相除時的計算式不太多的話，那麼即使是用手算也不是太費工夫。但一般而言，此法不太適用於搭配電腦來使用。算的時候似乎有點費工夫，因為沒有遞迴法則可言。

怎麼樣才能找到那一個更美、更好且更適合電腦來使用的方法呢？
我們知道每一個 r 都是前兩個 r 的組合，因此可得到如同 r_n 一樣的結
論；也就是說我們有

　　　　每一個 r 都是 a 與 b 的線性組合。

這句話孕育著呼之欲出的 x 與 y 之遞迴公式。怎麼說呢？且看：
令

$$r_j = x_j a + y_j b, j = 1, 2, \cdots, n \qquad (1.2)$$

比較 (1.1) 式及 (1.2) 式，得到 $j = 1$ 時我們有

$$x_1 a + y_1 b = r_1 = -q_1 a + b \Rightarrow x_1 = -q_1, y_1 = 1$$

而 $j = 2$ 時，我們卻有

$$x_2 a + y_2 b = r_2 = -q_2(x_1 a + y_1 b) + a \Rightarrow x_2 = -q_2 x_1 + 1, y_2 = -q_2 y_1$$

當 $j \geq 3$ 時我們終於有

$$\begin{aligned}x_j a + y_j b = r_j &= -q_j(x_{j-1}a + y_{j-1}b) + (x_{j-2}a + y_{j-2}b) \\ &= (-q_j x_{j-1} + x_{j-2})a + (-q_j y_{j-1} + y_{j-2})b\end{aligned}$$

因而得到 $j = 3, 4, \cdots, n$ 時的遞迴公式就是：

$$x_j = -q_j x_{j-1} + x_{j-2}, y_j = -q_j y_{j-1} + y_{j-2}$$

雖然這個遞迴公式在 $j = 1, 2$ 時沒有任何的意義，但很容易就可以看
出來，只要我們定義

$$x_{-1} = 0, x_0 = 1, y_{-1} = 1, y_0 = 0$$

則所有問題即煙消雲散。因此這兩個數列 $\{x_j\}$ 與 $\{y_j\}$ 可遞迴定義為：

$$x_{-1} = 0,\ x_0 = 1,\ x_j = -q_j x_{j-1} + x_{j-2},\ j = 1,\ \cdots,\ n \qquad (1.3)$$

$$y_{-1} = 1,\ y_0 = 0,\ y_j = -q_j y_{j-1} + y_{j-2},\ j = 1,\ \cdots,\ n \qquad (1.4)$$

由 (1.3) 及 (1.4) 式，很快就算出 x_n 與 y_n；因而得到 a 與 b 的最大公因數為

$$\gcd(a,\ b) = x_n a + y_n b \qquad (1.5)$$

我們再一次看看上面的例題 1.1：$\gcd(482,\ 1180) = 2$，這次且讓公式 (1.5) 有效勞及獻上一份心力的機會。在例題 1.1 當中，其商依序為 $q_1 = 2,\ q_2 = 2,\ q_3 = 4,\ q_4 = 3,\ q_5 = 8$。我們可以很快算出 x_j 及 y_j 如下：

j	-1	0	1	2	3	4
q_j			2	2	4	3
x_j	0	1	-2	5	-22	71
y_j	1	0	1	-2	9	-29

所以得到

$$\gcd(a,\ b) = 71 \times 482 - 29 \times 1180$$

⊘注意 上述的方法通常稱之為延伸輾轉相除法 (Extended Euclidean Algorithm)，在「模世界」中會用來求乘法反元素。

第二講

位移密碼最簡單—凱撒大帝報首捷

當蓋烏斯・儒略・凱撒[1](Gaius Julius Caesar) 從山丘頂上的前哨遠眺整個戰鬥時，突然有一個蓬頭垢面又精疲力盡的傳令兵闖入他眼前；交給他一份羊皮紙，上面寫著：

HQHPBIDOOLQJEDFNEUHDNWKURXJKLPPLQHQWOXFLXV

片刻之後，凱撒下達一份軍令給騎兵團預備隊的一個單位：命令加速從左翼阻止敵軍形成戰鬥陣線。

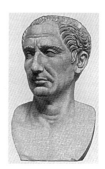

---

❶凱撒 (Caesar, 100–44 B.C.) 乃羅馬共和國末期的軍事統帥、政治家，儒略家族成員。凱撒出身貴族，歷任財務官、大祭司、大法官、執政官、監察官、獨裁官等職。西元前 60 年與龐培 (Pompey)、克拉蘇 (Crassus) 祕密結成前三頭同盟，隨後出任高盧總督，用了 8 年時間征服高盧全境（現在的法國），亦襲擊了日耳曼和不列顛。西元前 49 年，他率軍佔領羅馬，打敗龐培，集大權於一身，實行獨裁統治，制定了《儒略曆》。西元前 44 年，凱撒遭以布魯圖所領導的元老院成員暗殺身亡。

2.1　凱撒大帝說位移

這看似亂碼的字串，竟然傳達如此重要的訊息？其中竅門，一旦說穿，不值分文。只消將訊息中的每個字在字母順序當中往前移動三個位置。

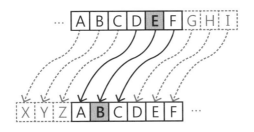

因此，密文 (ciphertext) 中的 H 就變成明文 (plaintext) 中的 e；因為在字母當中，e 接下去就是 F, G, H。將此規則應用在整個密文中可得

H	Q	H	P	B	I	D	O	O	L	Q	J	E	D
e	n	e	m	y	f	a	l	l	i	n	g	b	a

F	N	E	U	H	D	N	W	K	U	R	X	J	K
c	k	b	r	e	a	k	t	h	r	o	u	g	h

L	P	P	L	Q	H	Q	W	O	X	F	L	X	V
i	m	m	i	n	e	n	t	l	u	c	i	u	s

第二行的小寫字母就是破解後的明文，接著一個字一個字拆開；再補上標點符號，凱撒讀到的訊息就是

Enemy falling back. Breakthrough imminent. Lucius.

還有一點必須說清楚的就是，當凱撒碰到字母 B 時，怎麼辦呢？在 B 之前哪來三個字母？解決之道就是頭尾相接，於是乎 B 被 y 取代；因為 y 接下去是 za，如上圖左邊所顯示。

要達到這種頭尾相接的效果，最好的方法就是把字母順時鐘排列在一個圓上；如同「時鐘」把 1 到 12 排列在一個圓上一樣。為了加解密，可將明文用小寫字母表示；而密文則用大寫字母表示。如此一來，將大小寫字母分別排列在同心的內外圓輪上；再將裡面的大寫字母輪逆時鐘轉動三個位置，那麼外輪的 abcde...vwxyz 分別對應到內輪的 DEFGH...YZABC。

上述情節，純屬虛構；因為再怎麼樣，一個羅馬將軍也不會用現代英文來下達命令。但有證據顯示，凱撒的確使用過這麼簡單的密碼；為了紀念他，後人將之稱為凱撒密碼。如果我們用數學的語言來說，此種密碼其實就是對 26 個英文字母作一個位移函數對應，所以也稱為位移密碼 (shift cipher)，這是最早的密碼之一。

接著，我們慢慢將數學的味道調濃。首先將字母 a 至 z 依序標為 0 至 25，也就是將符號數位化。定義在集合 $\mathbb{Z}_{26} = \{0, 1, 2, \cdots, 25\}$ 上的位移函數就是將集合 $\mathbb{Z}_{26}$ 中的元素 x 映至 $x + k$ 的函數，此處 $k \in \mathbb{Z}_{26}$ 是固定的；而且 $x + k$ 必須遵行時鐘算術 (clock arithmetic) 的法則，其中的模是 26。

$$x \quad (\mathrm{mod}\,26) \mapsto x + k \quad (\mathrm{mod}\,26)$$

如此這般地，我們被引導至一個簡單無比卻是十二萬分美妙的、嶄新的「模數魔術」的世界（簡稱為「模世界」）。

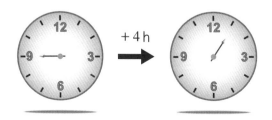

2.2　時鐘算術模世界

> 今有物不知其數，三三數之剩二，五五數之
> 剩三，七七數之剩二，問物幾何?❷——《孫子算經》[50]

出處: 663highland

---

❷《孫子算經》下卷第 26 題，就是這個孫子問題 [2]（第 58 頁）。俗稱韓信點兵，
　也叫秦王暗點兵、鬼谷算、隔牆算、剪管術、神奇妙算、大衍求一術等等。

在基本數論當中，有一雖簡單卻重要無比的觀念貫穿在整個密碼術當中；那就是家喻戶曉同餘的觀念，其中的數學就是所謂的「模算術 (modular arithmetic)」，俗稱「時鐘算術 (clock arithmetic)」。我們就從《孫子算經》說起。首先「三三數之剩二」是什麼意思呢? 那不過說某一個數 x 被 3 除剩餘 2；換句話說，$x-2$ 被 3 整除。我們用下面的式子表示「三三數之剩二」：

$$x \equiv 2 \quad (\mathrm{mod}\, 3)$$

一般而言，令 n 為正整數。我們說在模 n 之下，整數 a 與整數 b 同餘，若兩者被 n 除有相同的餘數，因此 n 整除 $a-b$，用符號 $a \equiv b$ $(\mathrm{mod}\, n)$ 表示之。如：$52 \equiv 27\ (\mathrm{mod}\, 5)$, $-19 \equiv 37\ (\mathrm{mod}\, 7)$。你可以將同餘式看成好像是等式一樣，在式子的兩邊執行你所要的四則運算（試證明之!），唯一需要小心的當然是除的時候。且看下面幾個例子，即可明白是怎麼一回事。例如，當你解同餘方程式 $x + 11 \equiv 7\ (\mathrm{mod}\, 17)$ 的時候，兩邊同時減 11，可得

$$x \equiv 7 - 11 \equiv -4 \equiv 13 \quad (\mathrm{mod}\, 17)$$

答案若寫成負的並沒什麼錯誤。但當我們在模 n 之下工作時，通常將最後的答案表示為介於 0 與 $n-1$ 之間的整數。

除法原理

在模 n 之下，只要除數與 n 是互質的，你就可以大大方方、安安心心地將兩數相除。

例如，解同餘方程式 $4x + 11 \equiv 7\ (\mathrm{mod}\, 17)$；如上兩邊同時減 11，可得 $4x \equiv 7 - 11 \equiv -4\ (\mathrm{mod}\, 17)$，所以 $x \equiv -1 \equiv 16\ (\mathrm{mod}\, 17)$。被 4 除沒問題，因為 $\gcd(4, 17) = 1$。再看一個例子，如下：

◉例題 2.1

解同餘方程式 $5x + 7 \equiv 11 \pmod{17}$。

◉ 解　兩邊同時減 7，可得 $5x \equiv 4 \pmod{17}$。再來呢? 兩邊同時除以 5 不就完事了嗎? 但 4/5 在模 17 之下是什麼意思呢? 我們知道

$$4 \equiv 21 \equiv 38 \equiv 55 \equiv \cdots \pmod{17}$$

所以 $5x \equiv 4 \pmod{17}$ 與 $5x \equiv 55 \pmod{17}$ 是一樣的。現在我們可除以 5 得到 $x \equiv 11 \pmod{17}$ 為其答案。注意 $4 \equiv 11 \times 5 \pmod{17}$，所以在模 17 之下 11 就是 4/5。

【另解】

我們也可從另一角度來解此方程式。因為 $5 \times 7 \equiv 1 \pmod{17}$，我們看出在模 17 之下 7 是 5 的乘法反元素。因此，除以 5 可由乘以 7 來完成，如下:

$$5x \equiv 4 \pmod{17} \Rightarrow x \equiv 35x \equiv 28 \equiv 11 \pmod{17}$$

除法原理證明

由 1.6 節可知, 若 $\gcd(a, n) = 1$ 則存在有整數 x 與 y 使得 $ax + ny = 1$, 亦即 $ax \equiv 1 \pmod{n}$。因此在模 n 之下, x 是 a 的乘法反元素, 故得證。

⊘注意　用 1.6 節的延伸輾轉相除法，即 (1.3) 式來計算 x 是相當省時的。y 則不需要算，因為在模 n 之下，不管是多少都會被磨掉。

● 例題 2.2

求方程式 $1111111x \equiv 4 \pmod{1234567}$ 的解。

● 解　輾轉相除之得

$$q_1 = 1,\ q_2 = 9,\ q_3 = 17636,\ q_4 = 1,\ q_5 = 1,\ q_6 = 31$$

因此得

j	-1	0	1	2	3	4	5
q_j			1	9	17636	1	1
x_j	0	1	-1	10	-176361	176371	-352732

這告訴我們

$$1111111 \cdot (-352732) + 1234567 \times y_5 = 1$$

由此得知 $1111111 \cdot (-352732) \equiv 1 \pmod{1234567}$。

將原先的同餘式兩邊同時乘上 -352732 得到

$$x \equiv -1410928 \equiv 1058206 \pmod{1234567}$$

在實作上，這意味著如果我們在模 1234567 之下工作而且碰到分數 $4/1111111$，那麼就以 1058206 取代之。這似乎是有點奇怪，但不妨想一想 $4/1111111$ 指的是什麼呢？這只不過是一個符號，意表乘以 1111111 之後會得到 4 的那個數。當我們在模 1234567 之下時，1058206 也同樣具有這個性質，因為

$$1111111 \times 1058206 \equiv 4 \pmod{1234567}$$

所以 $1058206 \equiv 4/1111111 \pmod{1234567}$ 是錯不了的。

總結上述討論過的一些東西，摘要如下：（下一講會用到）

◪在模 n 之下求乘法反元素 $a^{-1} \pmod{n}$
 1.用延伸輾轉相除[3]，求出整數 s 與 t 使得 $as + nt = 1$。
 2. $a^{-1} \equiv s \pmod{n}$。

◪當 $\gcd(a, n) = 1$ 時，解同餘方程式 $ax \equiv c \pmod{n}$
 （ $\Leftrightarrow$ 當 $\gcd(a, n) = 1$ 時，計算分數 $c/a \pmod{n}$ 之值）
 1.用延伸輾轉相除，求出整數 s 與 t 使得 $as + nt = 1$。
 2.答案為 $x \equiv cs \pmod{n}$（ $\Leftrightarrow$ 將分數 c/a 取代為 cs）。

◪當 $\gcd(a, n) = d > 1$ 時，解同餘方程式 $ax \equiv b \pmod{n}$
 1.若 $d \nmid b$，則此同餘方程式無解。
 2.若 $d \mid b$，考慮新的同餘方程式

$$\frac{a}{d}x \equiv \frac{b}{d} \pmod{\frac{n}{d}}$$

 因 $\dfrac{a}{d}$, $\dfrac{b}{d}$, $\dfrac{n}{d}$ 都是整數且 $\gcd(\dfrac{a}{d}, \dfrac{n}{d}) = 1$
 按上述步驟得一解 x_0。
 3.原同餘方程式 $ax \equiv b \pmod{n}$ 之解為

$$x_0, \ x_0 + \frac{n}{d}, \ x_0 + 2\frac{n}{d}, \ \cdots, \ x_0 + (d-1)\frac{n}{d} \pmod{n}$$

---

[3]僅求 s 即可，不需要算 t，理由已經在上面的◪注意提過。

● 例題 2.3

求方程式 $12x \equiv 21 \pmod{39}$ 的解。

● 解 因為 $\gcd(12, 39) = 3$，此最大公因數可以整除 21。除以 3 得到一新的同餘方程式 $4x \equiv 7 \pmod{13}$。試幾個值，或透過延伸輾轉相除法可得一解 $x_0 = 5$。所以原同餘方程式 $12x \equiv 21 \pmod{39}$ 之解為

$$x \equiv 5,\ 18,\ 31 \pmod{39}$$

我們每天生活在模 12 或模 24 的世界當中，不知不覺；每個星期卻是在模 7 的天地裡，悠然自得。然而，我們對模 7 的數系卻遠比對模 2 的數系來得生疏；究其緣由，可能是模 2 之下，只需加減不用乘除之故吧。想想，在模 2 的世界裡，非零元素就是 1；有需要去煩惱乘以 1 或除以 1 嗎？既然不需煩惱，就如同沒那回事發生一樣；也就是說，根本就不需要乘或除。至於加法，因 $1 + 1 = 0 \pmod{2}$；故得 $-1 = 1 \pmod{2}$，亦即 -1 就是 1。換句話說，在模 2 的世界裡，負的就是正的，減法就是加法。

實際上，在模 7（或任何質數模）的天地裡，不僅有加減，乘除也不僅僅乘以 1 或除以 1 而已；而是可以乘上任何的數，也可以除以任何非零（7 的倍數）的數。就好比在有理數系當中一樣，自由自在；任你到處邀遊，悠閒自在，無拘無束。

在一般的非質數模 n 之下，除以非零的數不見得行得通。舉例來說，若要解 $5x \equiv 1 \pmod{10}$，那就麻煩重重，因為 $5x \equiv 1 \pmod{10}$ $\Rightarrow 5x = 1 + 10n$，n 為一整數；故在模 10 之下，根本不能除以 5。

現在回到第一節的末了。凱撒用的加密函數以模數表示為 $f(x) = x + 3 \pmod{26}$，其中 3 稱為加密的鑰匙。加密鑰匙為 0 的就相當沒有加密，所以真正位移密碼的鑰匙只有 25 把。因此即使你不知道加密的鑰匙，只消執行地毯式的搜索；用不著多久的時間即可破解，如下面的例子所顯示出來的：

● 例題 2.4

位移密碼加密為 YCVEJGWVHQTDTWVWU，破解之。

● 解　加密鑰匙由 1 到 25，執行地毯式搜索可得：

```
YCVEJGWVHQTDTWVWU    zdwfkrxwirueuxwxv    aexglsyxjsvfvyxyw
bfyhmtzyktwgwzyzx    cgzinuazluxhxazay    dhajovbamvyiybabz
eibkpwcbnwzjzcbca    fjclqxdcoxakadcdb    gkdmryedpyblbedec
hlenszfeqzcmcfefd    imfotagfradndgfge    jngpubhgsbeoehghf
kohqvcihtcfpfihig    lpirwdjiudgqgjijh    mqjsxekjvehrhkjki
nrktyflkwfisilklj    osluzgmlxgjtjmlmk    ptmvahnmyhkuknmnl
qunwbionzilvlonom    rvoxcjpoajmwmpopn    swpydkqpbknxnqpqo
txqzelrqcloyorqrp    uyrafmsrdmpzpsrsq    vzsbgntsenqaqtstr
watchoutforbrutus    xbudipvugpscsvuvt
```

不難看出，原來的明文應該就是 watch out for brutus，所以位移密碼真是不堪一擊的。怎麼辦呢？在還沒有提出任何改良的對策前，我們先回頭討論幾個可能在你腦海裡盤旋已久的問題。

2.3　破密對決密碼術

首先有三個名詞需要釐清其相互之間關係的，就是密碼學 (Cryptology) 還有密碼術 (Cryptography) 以及破密學 (Cryptanalysis)。這三個術語經常被互相使用。然而在專業上，密碼學乃是研究經由不

安全頻道 (non-secure channels) 來傳輸資訊及其相關問題之學問的一
個全稱術語。設計一個系統來完成此任務之過程包括加、解密演算法
稱為密碼術，而破解此系統之技術稱為破密學或密碼分析學。所以密
碼學一詞可包括後兩者，亦即

$$密碼學 = 密碼術 + 破密學$$

當然，若對兩方面的方法沒有一個好的理解，那麼在本質上是不可能
搞好其中任何一門的。譬如說，你若想設計一個密碼系統，你就得對
人家如何破解一密碼系統的種種方法有深入的了解；如此才能考慮各
個層面，使你的密碼系統足以承受各類不同攻擊的挑戰。

其次是，有些人一聽到密碼的時候，為了表現一下他英文的功力，
"Coding" 一詞往往會馬上脫口而出。所謂的 Coding Theory 其實就是
編碼理論，這是一門研究經由吵雜頻道 (noisy channels) 的傳輸問題並
處理如錯誤更正碼等之課題的學問。其重點不在於如何防止第三者閱
讀其信息，而在於確認收取的信息的確是跟傳輸之前的本文一模一樣。
錯誤更正碼通常會配合使用在加密的機制當中，因為任何好的加密系
統只要密文中有一個位元的差錯就足以完全毀掉整個的信息。

嚴格地說來，雖然編碼理論（經由吵雜頻道來傳輸訊息）不是密
碼學（經由不安全頻道來傳輸訊息）的一部分；有趣的是，有人使用
錯誤更正碼的理論建造了一個公開鑰匙的密碼系統。但無論其間有多
親密的關聯，這是兩門完完全全不同的學問。

再其次，是否存在有無法破解的密碼系統? 若有，為何不全時間
都使用呢? 答案是肯定的，確實存在有無法破解的密碼系統，如單次
鑰匙簿密碼 (One-time Pad，圖見下節最末了左圖)；而且也存在有密
碼系統如瑞沙葉 (RSA Cryptosystem) 者，只要執行妥當，在你有生之
年也是無法破解的。

然而這裡所牽涉到的乃是一個經濟層面的問題，時間、費用以及安全性，孰重孰輕？使用單次鑰匙簿密碼的費用是相當龐大的，而類似瑞沙葉 (RSA Cryptosystem) 的許多密碼系統，對信息量大的應用來說，其速度是有待改進的。此時就得看你的需要如何，來作一妥協與調整。有線電視廣播所要求的安全等級跟政府機關部門對機密文件所要求的安全等級，這之間當然會有天壤之別。

2.4 密碼之旅須知道

此旅有三個主要人物：張三毛、李四郎和王五爺。三毛要傳遞信息，稱之為明文 (plaintext) 給四郎。有可能五爺會竊取此一信息，所以三毛必須將此一信息加密 (用事先與四郎安排好的方法)。通常我們假設五爺已經知道這個加密的方法，之所以能保持此一信息祕密的關鍵在於一把所謂的鑰匙 (key)。當四郎接收到此一密文，他就用鑰匙將其解密還原成原來的明文；此一鑰匙有可能不同於三毛所用的加密鑰匙，但與加密鑰匙有關。三毛希望五爺沒有本事找到或計算出解密鑰匙，所以也就沒有辦法讀取她所傳遞給四郎的信息。

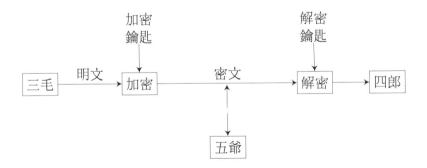

五爺有四種可能的破解方式。

1. 密文攻擊法：五爺僅擁有一份密文，他只能由此來進行破解。

2. 已知明文攻擊法：五爺擁有一份密文及其對應的明文。譬如，五爺截取到一份通訊社所發出的密文稿，接著於次日在報紙上看到解密後的明文稿。若他能由此算出解密鑰匙，且三毛沒有更改加密鑰匙，那麼五爺就能讀取所有未來截取到的信息。或者，如果三毛總是以 "Dear Lee" 為起頭送信息給四郎，那麼五爺就有一短短的密文及其對應的明文信息。對許多較弱的密碼系統，這就足以使我們找到鑰匙。即使是強一些的系統，如二次大戰時德軍所使用過的密碼器奇謎 (Enigma)，這一丁點的資訊已經很夠用了。

3. 選擇明文攻擊法：五爺得一短暫的機會可以使用加密器。他無法打開加密器去找鑰匙；然而他可以適當的選取大量的明文，再試著利用由加密器所得到的密文來破解。

4. 選擇密文攻擊法：五爺得到機會可以使用解密器。他用來解密幾串選好的符號，並試著用此結果來找到鑰匙。

選擇明文攻擊法可能會用到的時機如下。要鑑定一部飛機是友是敵，可任選一信息傳送給這部飛機，這部飛機會自動將信息加密並送回。我們假設僅僅友機持有正確的鑰匙。將送回的信息與正確加密過的信息作一比較。若吻合，則為友機；若否，則為敵機。然而，敵方可送出大量選擇好的信息至機群中的一架，然後觀察所得到的密文。如果這樣就讓他們找到鑰匙，那麼敵方就可裝備其飛機來偽裝成友機。

據報導，在二次世界大戰的薩哈拉沙漠戰役中，有一個使用已知明文攻擊法的實例。有一孤立的德軍前哨基地，每天送出一則一模一樣的信息說：

「無新鮮事報告 (there is nothing new to report)」。

所以每天盟軍都有一明文密文對,這對決定當天的鑰匙是極為有用的。事實上, 在整個戰役當中, 蒙哥馬利將軍 (General Montgomery) 小心翼翼的繞過這個前哨基地, 為的是讓此信息的傳送不至於中斷。

▲蒙哥馬利將軍

2.5　一切盡在密鑰中

通常, 一個祕密信息是隱藏著的[4], 為的是希望沒有人知道有信息正在傳遞當中。這種掩飾信息存在性的保密通訊法稱之為隱匿法[5]。在其他時候, 敵方可能一開始不知道你所使用的加密法。然而為了提昇一個密碼系統的安全等級, 你必須永遠假設敵方知道你所使用的方法。換句話說, 一個密碼系統應該是安全的, 即使此系統除了鑰匙之外所有的一切, 是人盡皆知的。更精簡的說:

「一切盡在密鑰中。」

---

[4]譬如, 為某文中每一句的第三個字母。

[5]隱匿法 (steganography), 源自希臘文 steganos 與 graphein 二字, 前者意思就是掩蔽的, 而後者則為書寫。請參閱蓋瑞・柯思樂 (Gary C. Kessler) 的介紹文章 [29] *Steganography: Hiding Data Within Data*, September 2001。

此一原理乃是由荷蘭人奧古斯特・柯克霍夫斯（Auguste Kerckhoffs，見下圖左）於 1883 年在他的經典之作《軍事密碼術》[28]（La Cryptographie Militaire）中首先提出的。

▲奧古斯特・柯克霍夫斯

另一方面，克勞德・夏儂（Claude Shannon）有可能是獨立地以更精簡的話表達為：

「敵方知悉一切（the enemy knows the system）」

此版本被稱之為夏儂的格言（Shannon's maxim）。所有這些可能會以許多不同的方式彰顯出來。例如，加密器或解密器被擄獲且被分析過，或人員的變節或者被捕。因此之故，整個系統的安全性必須僅僅仰賴其鑰匙的祕密性。

在上面，我們已經介紹了最簡單而又明白易懂的位移密碼；接著我們一起來思考五爺那四種方法，如何對位移密碼進行攻擊。

1. 密文攻擊法：王五爺僅有一份密文。他最好的策略就是做一個地毯式的搜索如例題 2.4 所示，因為就只有 26 種可能的鑰匙。若信息有好幾個字母長，則不太可能會有超過一個以上（26 個裡面）

為有意義。如果你不相信，可試試看找一個 4 或 5 個字母的英文字，然後觀察位移轉換後的 26 種不同的結果。另一可行的方法是（如果信息足夠長的話），對出現過的字母作頻率分析。在英文中，字母 e 是最常出現在單字裡頭的。上面第一節的例子中，我們知道字母 Q, L, H 在密文中都出現 4 次；因為 e = 4 與 Q = 16, L = 11, H = 7，所以一個合理的猜測為 k = 12, 7 或 3（正確的 *k* = 3 是其中之一）。看起來是比地毯式搜索好很多。

2. 已知明文攻擊法：若你只知道明文中的一個字母及其在密文中對應的字母，則鑰匙馬上可以得知。如你已知 t (= 19) 加密為 D (= 3)，那麼你的鑰匙就是

$$k \equiv 3 - 19 \equiv -16 \equiv 10 \quad (\bmod\, 26)$$

3. 選擇明文攻擊法：選取字母 a 為明文，則其對應的密文就是鑰匙。例如，在密文中對應的字母為 H，則其鑰匙就是 *k* = 7。

4. 選擇密文攻擊法：選字母 A 為密文，則對應明文之負值就是鑰匙。例如，在明文中對應字母為 h，則其鑰匙就是 −7 ≡ 19 (mod 26)。

2.6　古典密碼何事惹

接下去的好幾講，我們會繼續介紹更多的古典密碼系統。這些系統本身都太脆弱了，並沒有太大的用處，尤其是在有電腦隨時侍候在你身旁的今天。但至少我們可藉著這些極其簡單的密碼，來說明密碼學當中一些重要的構想及其背後所隱藏的基本觀念，算來也有其啟發之功吧。

為了方便起見，首先我們作如下的規定：

🔟 小寫字母表示明文，而大寫字母則表示密文。

🔒英文的 26 個字母其對應的數字如下：

a	b	c	d	e	f	g	h	i	j	k	l	m	n
0	1	2	3	4	5	6	7	8	9	10	11	12	13

o	p	q	r	s	t	u	v	w	x	y	z
14	15	16	17	18	19	20	21	22	23	24	25

注意我們是從 a = 0 開始的，所以 z 所對應的數為 25。這令人困擾，但卻是一種標準的用法。

🔒我們將空白與標點省略掉。這是更令人困擾的事情，然而解密之後的明文幾乎都很容易就可以把空白處找出。若空白也加入密文當中，可能我們要面臨兩個抉擇。其一可將空白處仍然維持空白，但這會讓破密者知道你整個信息的結構,因而使得解密更加容易。其二可將空白處加密成為密文的一部分，不過如此一來卻變成出現頻率最高的，那跟前面一樣容易破解（除非信息中，每個字平均長度至少 8 個字母）。

🗝【大數如丈二金剛】

在很多的情況中，從數學的觀點來看，我們可藉著稍微調整增加鑰匙的長度來提高系統的安全等級。但這不見得每次管用。怎麼說呢?如果你所用的晶片可處理 64 位元，那麼當你把鑰匙長度提昇至 65 位元時，就可能意味著要對硬體作一全盤重新的設計。如此一來，那所付出的費用可就昂貴無比了。所以，設計一個良好的密碼系統所牽涉到的，不僅僅只有數學而且還有工程以及其他方面的考量。

最後我們提出一個警告：

「大數如丈二金剛，令人摸不著頭腦。」

直觀上，我們會覺得處理一個 20 位數是處理一個 10 位數的兩倍功夫。這對某些演算法來說是正確的。然而你若仔細想想，數到 10^{10} 其實離 10^{20} 還遙遠得很呢，你得再努力一百億倍才能達到目標。當數字越來越大時，這類型的景況就會更加的顯著。

許多時候，我們所碰到的情況，看起來似乎只要試過所有的可能性，就能把一個密碼系統破解。然而，說說容易但做起來可就完全不是那麼一回事了。假設你擁有的寶貝電腦每秒鐘可處理 10^{10} 次某種運算，而你需要試 10^{30} 種可能性之後才能達成任務。因為一年的時間大約有 3×10^7 秒，所以要完成此項任務所需的時間比 3×10^{13} 年還要長一些，而這時間又比宇宙的預測年齡還要長。

在我們所要介紹的幾個系統之一，其安全性繫乎分解一個約 200 位的大整數之困難度上。假設你要分解一個這麼大的整數 n，所用的乃是小學生的方法，亦即將 n 除以比其平方根小的所有正質數。小於 10^{100} 的質數共有 4×10^{97} 個。要每個都試，那是行不通的。據估計，全世界電子的總數目不會超過 10^{90}。所以遠在你還沒完成計算以前，電力公司必定會打電話來制止你的蠢動。很明顯的，我們必須使用其他更細膩、更精緻的因數分解演算法。

一個數的大小，除了其實際大小之外，也可以由其十進（或二進）制表示法中的位數來衡量。此數大約是 $\log_{10} n$（或 $\log_2 n$）。若我們使用小學生所用的標準乘算法，一個 k 位數 n 平方時所需執行的乘法的個數為 k^2，大約是 $(\log_{10} n)^2$。

要分解一數 n（將此數除以比其平方根小的所有正質數）所需的除法個數大約是 $n^{1/2}$。執行一個演算法所需的時間為 $\log n$ 的次冪遠比其時間為 n 的次冪好很多。在上面所舉的例子中，若將 n 的位數變為兩倍則計算其平方所需的時間變為原先的四倍，但將此數分解所需的時間卻大大的增加。當然，兩者都有更好的演算法可供使用；但以目前的情形來看，分解因數遠比平方計算費時許多。

在執行計算時，我們已經在前面碰到一些演算法，其所需的時間是 $\log n$ 的次冪；譬如，求最大公因數及模運算中的指數運算。但有一些其他的計算，就已知最好的演算法，其執行的時間僅僅比 n 的次冪好一些；譬如，分解因數問題及解離散對數問題。快與慢的演算法之間的相互影響，乃是我們在這課程中，所要學習的幾個密碼演算法的基礎。

第三講

仿射密碼也不難—線性函數帥呆了

看完了例題 2.4 之後，我們的結論是：位移密碼真是不堪一擊的。怎麼辦呢？幾番細思量，能不能把位移函數稍作修改得到一個更強的密碼呢？目前馬上可以想到的有兩個方向如下：

🔒 將位移函數變成一般的一次多項式函數，也就是 x 項的係數不僅僅是 1 而是任何不為 0 的整數；此種函數通常稱為仿射函數，建造出來的密碼理所當然就稱為仿射密碼 (Affine Ciphers)。至於高次多項式函數要成為加密函數，其困難度較高；因為加密函數必定要一對一函數，次數越高 $a_n x^n + \cdots + a_1 x + a_0 = y$，要解 x 用 y 表示，當然更加困難。

🔒 其次是仍舊用位移函數，但位移數隨著所在的位置改變，不過得固定長度成一循環。此種加密方式就變成區塊式的，加密鑰匙不是一個數而已，而是一串的數。

下面就讓我們依序在第三及第四講來探討這樣的私鑰密碼。

3.1　更強仿射密碼法

選取兩個整數 α 及 β 並考慮函數（稱之為仿射函數）

$$x \mapsto \alpha x + \beta \quad (\mathrm{mod}\ 26)$$

譬如，令 $\alpha = 9$ 及 $\beta = 2$，即函數為 $9x + 2$。取明文字母 h $(= 7)$ 被加密

後成為 $9 \times 7 + 2 \equiv 65 \equiv 13 \pmod{26}$，亦即字母 N。依此我們得到

$$\text{tunghai} \mapsto \text{RAPENCW}。$$

怎麼解密呢? 我們由方程式來解 x。若是在有理數當中，其解為

$$x = \frac{1}{9}(y - 2)$$

但其中的 $\frac{1}{9}$ 需作不同的詮釋，因為我們實際上是在模 26 的數系中。然而這難不倒我們，因為 $\gcd(9, 26) = 1$，所以 9 在模 26 中有一乘法反元素。因 $9 \cdot 3 \equiv 1 \pmod{26}$，所以 3 就是所要的反元素。可用來取代 $\frac{1}{9}$，我們有

$$x \equiv 3(y - 2) \equiv 3y - 6 \equiv 3y + 20 \pmod{26}$$

這 就 是 解 密 函 數， 所 以 字 母 R（$= 17$）映 到 $3 \cdot 17 + 20 \equiv 71 \equiv 19 \pmod{26}$，亦即字母 t。同樣的方式，我們將密文 RAPENCW 解密回到 tunghai。

　　假設我們試圖用函數 $13x + 4$ 當成我們的加密函數。我們得到

$$\text{input} \mapsto \text{ERRER}。$$

如果我們更改（alter）一下輸入（input），則得到

$$\text{alter} \mapsto \text{ERRER}。$$

　　顯而易見，這個函數導致錯誤。我們不可能解密，此乃因為有不同的明文對應到同一個密文（ERRER）。特別要注意到的是加密函數應該是一對一的，但這個例子則否。

到底哪兒出了問題呢? 若是解方程式 $y = 13x + 4$，我們得到 $x = \frac{1}{13}(y - 4)$。然而 $\frac{1}{13}$ 在模 26 中不存在，此乃因為 $\gcd(13, 26) \neq 1$。一般而言，可以證明在模 26 之下，函數 $\alpha x + \beta$ 為一對一若且唯若 $\gcd(\alpha, 26) = 1$。在這條件下，解密函數為 $x \equiv \alpha^* y - \alpha^* \beta \pmod{26}$，此處 $\alpha \alpha^* \equiv 1 \pmod{26}$。所以解密函數也是一個仿射函數。

這個加密方法的鑰匙為一整數對 (α, β)。有 12 個可能的這種 α，使得 $\gcd(\alpha, 26) = 1$，而 β 則有 26 種可能的值。合起來共有 $12 \times 26 = 312$ 個可能的鑰匙。

3.2　仿射密碼如何破

下面我們看看仿射密碼可能受到的攻擊。

1. 密文攻擊法: 全面搜索 312 種可能性，當然會比位移密碼時的 26 種來得久，但對電腦而言，這太簡單了，不喘一口氣工作就完成了。當所有可能的鑰匙試過了之後，看看那個是有意義的，由此即可決定其鑰匙。其實，話說說簡單，真的要從 312 種可能性當中挑出那個有意義的，也是相當頭痛的。頻率分析當然也可以用，不過需要更長的信息。

2. 已知明文攻擊法: 只要有一點點運氣，知道明文中的兩個字母及其對應密文中的字母就足以找到鑰匙。舉例來說，假設明文的起頭為 if 而其對應的密文為 PQ。以數字表示，此即 8 (= i) 映到 15 (= P)，而 5 則映到 16。所以我們得到方程式

$$8\alpha + \beta \equiv 15 \; \text{及} \; 5\alpha + \beta \equiv 16 \quad (\bmod\, 26)$$

相減後可得 $3\alpha \equiv -1 \equiv 25 \pmod{26}$，其唯一的解為 $\alpha = 17$。代入第

二個方程式得 $5 \cdot 17 + \beta \equiv 16 \pmod{26}$，最後得到 $\beta = 9$。假設明文為 go，其對應的密文為 TH，則得到方程式

$$6\alpha + \beta \equiv 19 \text{ 及 } 14\alpha + \beta \equiv 7 \quad \pmod{26}$$

相減後可得 $-8\alpha \equiv 12 \pmod{26}$。因為 $\gcd(-8, 26) = 2$，所以得到兩個解 $\alpha = 5, 18$。其對應的 β 值都是 15（這並非偶然而是必然如此）。所以我們有兩組可能的鑰匙，$(5, 15)$ 及 $(18, 15)$。然而，$\gcd(18, 26) \neq 1$ 所以第二組不可能。因此真正的鑰匙是 $(5, 15)$。上面的程序應是通行無阻的，除非所得到的最大公因數為 13 或 26；在此種情況下倘若可行就選用另外一個字母。假如我們知道僅僅明文中的一個字母，我們仍然可以得到 α 與 β 的一個關係式。舉例說，若我們只知道明文中的 g 對應到密文中的 T，則 α 與 β 的關係式為

$$6\alpha + \beta \equiv 19 \quad \pmod{26}$$

對 α 而言，有 12 種可能的值，而每一個值對應一個 β 值。因此全面搜索這 12 個鑰匙，一定可以找到那真正的鑰匙。

3. 選擇明文攻擊法：選取 ab 為明文。密文中的第一個字為 $\alpha \cdot 0 + \beta = \beta$，而第二個字則為 $\alpha + \beta$。因此我們可以找到鑰匙。

4. 選擇密文攻擊法：選取 AB 為密文。由此可得解密函數為 $x = \alpha_1 y + \beta_1$。解 y 然後得到鑰匙。但為何如此大費周章呢？我們要的不就是解密函數嗎？

◉例題 3.1

用仿射函數 $9x + 25$ 來加密 happy teachers day。

◉ 解　先數位化明文 7, 0, 15, 15, 24, 19, 4, 0, 2, 7, 4, 17, 18, 3, 0, 24

代入加密函數 $9x + 25 \equiv 9x - 1 \pmod{26}$ 計算時，可將所有的數

字轉化成 -12 到 13 的整數，以節省計算時間：

明文	h	a	p	p	y	t	e	a	c	h	e	r	s	d	a	y
x	7	0	-11	-11	-2	-7	4	0	2	7	4	-9	-8	3	0	-2
$9x-1$	10	25	4	4	7	14	9	25	17	10	9	22	5	0	25	7
密文	K	Z	E	E	H	O	J	Z	R	K	J	W	F	A	Z	H

得到密文為：KZEEHOJZRKJWFAZH

◉例題 3.2

用函數 $7x + 11$ 加密，密文為 XFVLANHRLAO。解密之！

◉ 解　首先，解同餘式 $y \equiv 7x + 11 \pmod{26}$，得

$$x \equiv 7^{-1}(y - 11) \equiv 15(y - 11) \equiv 15y + 17 \pmod{26}$$

密文	X	F	V	L	A	N	H	R	L	A	O
y	-3	5	-5	11	0	13	7	-9	11	0	-12
$-11y-9$	24	14	20	0	17	4	18	12	0	17	19
明文	y	o	u	a	r	e	s	m	a	r	t

解密得明文如下：you are smart

● 例題 3.3

在模 26 之下用仿射函數加密。在密文中，最常出現的字母為 K，其次
為 D。很合理地，可假設這分別由 e 與 t 加密而來，因為這兩個字母
是英文中最常出現的兩個字母。因此轉換成其對應的數字，代入解密
公式中可得：

$$10\alpha' + \beta' \equiv 4 \quad (\text{mod } 26)$$
$$3\alpha' + \beta' \equiv 19 \quad (\text{mod } 26)$$

將上面第一式減去第二式可得 $7\alpha' \equiv 4 - 19 \equiv 63 \ (\text{mod } 26)$，所以我們有
$\alpha' \equiv 9 \ (\text{mod } 26)$ 而且有 $\beta' \equiv 18 \ (\text{mod } 26)$。最後我們得到解密公式為
$x \equiv 9y + 18 \ (\text{mod } 26)$。

3.3　韓信點兵問題多

現在回到《孫子算經》中「問物幾何?」的問題。「物不知其數，
三三數之剩二，五五數之剩三，七七數之剩二」可用同餘式表示如下：

$$\begin{cases} x \equiv 2 \quad (\text{mod } 3) \\ x \equiv 3 \quad (\text{mod } 5) \\ x \equiv 2 \quad (\text{mod } 7) \end{cases}$$

「韓信點兵問題」就是求一組同餘式的公解。《孫子算經》不僅僅
是提供了答案並給出了解決的方法。德國數學家高斯於 1801 年出
版《算術探究》中明確寫出下述定理。1852 年英國基督教士

偉烈亞力[1](Alexander Wylie) 將《孫子算經》對此一問題的解法傳到歐
洲，1874 年馬蒂生 (L. Mathiesen) 指出來《孫子算經》之解法符合高
斯的定理，從而在西方的數學史裡將這一個定理稱為中國剩餘定理
(Chinese Remainder Theorem)。我們先敘述最簡單的版本，再作一般的
推廣。

孫子定理

若 m, n 為互質的兩個正整數，則對任意給予的正整數 a, b 必存在唯
一的正整數 $x \pmod{mn}$ 滿足聯立同餘方程組：

$$\begin{cases} x \equiv a \pmod{m} \\ x \equiv b \pmod{n} \end{cases}$$

Alexander Wylie.

▲偉烈亞力

[1] 偉烈亞力（Alexander Wylie，1815 年 4 月 6 日—1887 年 2 月 10 日），英國漢
學家，倫敦傳道會傳教士。1846 年來華。偉烈亞力在中國近 30 年，致力傳
道、傳播西學，並向西方介紹中國文化，在這幾個方面都有重要貢獻。1877 年
偉烈亞力因年邁體弱，視力衰退，返回倫敦定居，1887 年 2 月 10 日逝世。詳
細請見網頁 http://zh.wikipedia.org/wiki/偉烈亞力。

● 例題 3.4

試求下列聯立同餘方程組的解：

$$\begin{cases} x \equiv 3 \quad (\text{mod } 7) \\ x \equiv 5 \quad (\text{mod } 15) \end{cases}$$

● 解　$x \equiv 80$ (mod 105)（注意：$105 = 7 \cdot 15$）。因為 $80 \equiv 3$ (mod 7) 且 $80 \equiv 5$ (mod 15)，所以 80 是一個解。中國餘數定理保證存在有解，而且說到在模 $mn = 105$ 之下，此解是唯一的。

🔑 【怎麼找到這個答案的呢？】

對小數 m 與 n 而言，方法之一是按大小列出在模 n 之下與 b 同餘的數，直到你挑選到其中一個被 m 除餘 a 的數為止。例如，在模 15 之下與 5 同餘的數為

$$5, 20, 35, 50, 65, 80, 95, \cdots$$

模 7 之後，變為 5, 6, 0, 1, 2, 3, 4, … 。因為我們要的是 3，所以選取 80。對大數 m 與 n 而言，列表比對的話有可能效率非常低。然而，同樣的想法還是行得通的。在模 n 之下與 b 同餘的數為 $b + nk$（k 為一整數），所以我們必須解同餘式 $b + nk \equiv a \pmod{m}$，亦即

$$nk \equiv a - b \quad (\text{mod } m)$$

因為 $\gcd(m, n) = 1$，故在模 m 之下，n 有乘法反元素。兩邊同乘此乘法反元素可得

$$k \equiv n^{-1}(a - b) \quad (\text{mod } m)$$

代回 $x = b + nk$，然後縮簡至模 mn 之下，即得其解。

◉例題 3.5

解下列聯立同餘方程組:

$$\begin{cases} x \equiv 7 \pmod{1234567} \\ x \equiv 11 \pmod{1111111} \end{cases}$$

◉ 解　首先，例題 2.2 的演算告訴我們

$$1111111^{-1} \pmod{1234567} \equiv -352732$$

因此可得，在模 1234567 之下

$$k \equiv 1111111^{-1}(7-11) \equiv (-352732)(-4) \equiv 176361$$

所以，在模 $mn = 1371740973937$ 之下，其唯一解為

$$x \equiv 11 + 1111111 \cdot 176361 \equiv 195956647082 \pmod{mn}$$

🔑【如何使用孫子定理?】

　　如果你所面對的同餘方程式是在一合成數模 $n = \Pi_{p|n} p^a$ 之下，則解題的關鍵想法是，按 n 的分解式將方程式拆開成幾個在模 p^a 之下的同餘方程式。解決完這些同餘方程式後，再透過孫子定理重組得到在模 n 之下的答案。優點是化繁為簡，通常分析在質數模或質數次冪模之下的同餘式遠比直接去面對合成數模之下的同餘式容易。

　　假設你要解同餘方程式 $x^2 \equiv 1 \pmod{35}$。因為 $35 = 5 \cdot 7$，所以拆開而成一對同餘方程式

$$\begin{cases} x^2 \equiv 1 \pmod{5} \\ x^2 \equiv 1 \pmod{7} \end{cases}$$

現在觀察得知 $x^2 \equiv 1 \pmod{5}$ 有兩個解：$x \equiv \pm 1 \pmod 5$，而 $x^2 \equiv 1$ $(\mathrm{mod}\,7)$ 也有兩個解：$x \equiv \pm 1 \pmod 7$。所以有四種不同的組合方式分別得到解如下：

$x \equiv\ \ \ 1 \pmod 5,\ x \equiv\ \ \ 1 \pmod 7 \Rightarrow x \equiv\ \ \ 1 \pmod{35}$,

$x \equiv\ \ \ 1 \pmod 5,\ x \equiv -1 \pmod 7 \Rightarrow x \equiv\ \ \ 6 \pmod{35}$,

$x \equiv -1 \pmod 5,\ x \equiv\ \ \ 1 \pmod 7 \Rightarrow x \equiv 29 \pmod{35}$,

$x \equiv -1 \pmod 5,\ x \equiv -1 \pmod 7 \Rightarrow x \equiv 34 \pmod{35}$。

所以我們得知，同餘方程式 $x^2 \equiv 1 \pmod{35}$ 的解為

$$x \equiv 1,\ 6,\ 29,\ 34 \quad (\mathrm{mod}\,35)$$

⊘注意　一般而言，若 $n = p_1 p_2 \cdots p_r$ 為 r 個相異奇質數的乘積，則同餘方程式 $x^2 \equiv 1 \pmod n$ 有 2^r 個解。此乃下述更一般形式化之孫子定理所結出來的果實。

孫子定理（一般形式）

若 $m_1, \cdots, m_k$ 為兩兩互質的 k 個正整數，則對任意給予的 k 個整數 $a_1, \cdots, a_k$ 必存在唯一的整數 $x\ (\mathrm{mod}\,M)$，此處 $M = m_1 \cdots m_k$ 滿足聯立同餘方程組：

$$\begin{cases} x \equiv a_1 & (\mathrm{mod}\ m_1) \\ \ \ \vdots & \quad\ \vdots \\ x \equiv a_k & (\mathrm{mod}\ m_k) \end{cases}$$

例如，此定理保證韓信點兵問題的聯立同餘方程組：

$$\begin{cases} x \equiv 2 & (\mathrm{mod}\ 3) \\ x \equiv 3 & (\mathrm{mod}\ 5) \\ x \equiv 2 & (\mathrm{mod}\ 7) \end{cases}$$

恰有一個解 $x \pmod{105}$。其實，孫子給出答案為「答曰：二十三。」
事實上，這是最小的正整數解。他又說出其演算技巧為「術曰：三三
數之剩二，置一百四十；五五數之剩三，置六十三；七七數之剩二，置
三十。并之得二百三十三。以二百一十減之，即得。凡三三數之剩一，
則置七十；五五數之剩一，則置二十一；七七數之剩一，則置十五。一
百六以上，以一百五減之，即得。」這段話寫成數學式子就是：

$$x = 2 \times 70 + 3 \times 21 + 2 \times 15 - 2 \times 105$$
$$= 140 + 63 + 30 - 210$$
$$= 23$$

　　孫子之術從何而來？天上掉下來的嗎？非也！分析其術，不難發
現：孫子先將問題簡化為數之剩一的情況，算出一個數；剩二時將此數
乘二，剩三時乘三，依此類推；最後將所得之數加總，減去互質之數
乘積的倍數得到答案。按其思路表列如下：

🔳 算出互質之數的乘積 $M = m_1 \cdots m_k$。

🔳 如何數之剩一呢？對 $j = 1, \cdots, k$，就取跟 m_j 互質之最大數
$M_j = M / m_j$，算出其值。

🔳 再延伸輾轉，算出其倒數 $N_j = M_j^{-1} \pmod{m_j}$。

🔳 將兩者相乘，數之當然剩一也 $N_j M_j \equiv 1 \pmod{m_j}$；乘 a_j 當然剩
a_j，因為 $a_j N_j M_j \equiv a_j \pmod{m_j}$。

🔳 最帥的是，其他的 M_i, $i \neq j$ 都有 m_j 在裡頭；因此之故，我們有
$a_i N_i M_i \equiv 0 \pmod{m_j}$, $i \neq j$。

❶最後將所得之數加總 $a_1 N_1 M_1 + \cdots + a_k N_k M_k$ 稱之為 x；我們有 $x \equiv a_j \pmod{m_j}$。

❶再減去互質之數乘積的倍數，即 $x \pmod{M}$；此乃孫子之術所得之數也。

故得演算法如下：（其實上面的思路就是孫子定理的證明）

1. 算出 $M = m_1 \cdots m_k$。

2. 對 $j = 1, \cdots, k$，算出 $M_j = M / m_j$ 之值。

3. 延伸輾轉算出其倒數 $N_j = M_j^{-1} \pmod{m_j}$。

4. 令 $x = a_1 N_1 M_1 + \cdots + a_k N_k M_k \pmod{M}$，則 x 為所求。

◉例題 3.6

試解韓信點兵問題：

$$\begin{cases} x \equiv 2 & \pmod 3 \\ x \equiv 3 & \pmod 5 \\ x \equiv 2 & \pmod 7 \end{cases}$$

◉ 解　使用上面的演算法得到答案為 23。

1. 算出 $M = 3 \cdot 5 \cdot 7 = 105$。

2. 算出 $M_1 = 35, M_2 = 21, M_3 = 15$。

3. 一眼看出 $N_1 = 35^{-1} = 2 \pmod 3$,

$N_2 = 21^{-1} = 1 \pmod 5$, $N_3 = 15^{-1} = 1 \pmod 7$。

4. 解 $x = 2 \cdot 2 \cdot 35 + 3 \cdot 1 \cdot 21 + 2 \cdot 1 \cdot 15 \equiv 23 \pmod{105}$。

◉例題 3.7

試解聯立同餘方程組：

$$\begin{cases} x \equiv 2 \quad (\mathrm{mod}\ 78) \\ x \equiv 5 \quad (\mathrm{mod}\ 97) \\ x \equiv 1 \quad (\mathrm{mod}\ 119) \end{cases}$$

◉ 解　使用上面的演算法得到答案為 647480。

1. 算出 $m = 78 \cdot 97 \cdot 119 = 900354$。

2. 算出 $M_1 = 11543$, $M_2 = 9282$, $M_3 = 7566$。

3. 一眼看出 $N_1 = 11543^{-1} \equiv 77^{-1} = -1 \ (\mathrm{mod}\ 78)$，

   延伸輾轉算出 $N_2 = 9282^{-1} = 67^{-1} = 42 \ (\mathrm{mod}\ 97)$，

   $97 = 1 \times 67 + 30,\ 67 = 2 \times 30 + 7,$

   $30 = 4 \times 7 + 2,\ 7 = 3 \times 2 + 1,$

   因此得到

j	-1	0	1	2	3	4
q_j			1	2	4	3
x_j	0	1	-1	3	-13	42

   延伸輾轉算出 $N_3 = 7566^{-1} \equiv 69^{-1} = -50 \ (\mathrm{mod}\ 119)$。

   $119 = 1 \times 69 + 50,\ 69 = 1 \times 50 + 19,$

   $50 = 2 \times 19 + 12,\ 19 = 1 \times 12 + 7,$

   $12 = 1 \times 7 + 5,\ 7 = 1 \times 5 + 2,\ 5 = 2 \times 2 + 1$

   因此得到

j	-1	0	1	2	3	4	5	6	7
q_j			1	1	2	1	1	1	2
x_j	0	1	-1	2	-5	7	-12	19	-50

4. 同餘方程組之解為：

$$x = 2(-1)11543 + 5(42)9282 + 1(-50)7566 - 900354$$
$$= -23086 + 1949220 - 378300 - 900354$$
$$= 647480$$

3.4 神奇費馬小定理

費馬小定理 (Fermat's Little Theorem) 乃是近代密碼學中瑞沙葉演算法 (RSA Algorithm) 的理論基礎。若 p 為一正質數，費馬小定理告訴我們：在模 p 之下，任何與 p 互質（亦即非 p 之倍數）的整數 a，其 $p-1$ 次方就是乘法單位元素 1；也就是說，

$$a^{p-1} \equiv 1 \pmod{p}, \ \forall a \in \mathbb{Z}, \ p \nmid a$$

這個定理，乍看之下似乎有點不可思議，實在是太神奇了。所以我們試著從定理的證明著手，分析非 p 之倍數的整數在乘法之下的代數結構；並推廣至非質數 n 時對應的歐拉定理，甚至還可繼續推廣到一般抽象群上的元素。此際，這麼神奇的費馬小定理竟然只是群論上最基本的拉格朗日定理的一個簡單推論而已。

🔑【歸納法證費馬小定理】

費馬小定理可以用數學歸納法證明，雖說啟發性不大，還是隱藏著某種程度的價值。怎麼說呢？你知道數學歸納法僅適用於正整數，

所以理所當然的，你得對 a 作數學歸納法，然後再去推廣到任意的整數。在數學歸納法中，其主要的步驟從 a 到 $a+1$ 時得取 $p-1$ 次方；但是在模 p 之下要將 $(a+1)$ 的 $p-1$ 次方 $(a+1)^{p-1}$ 展開並加以化簡，看來是渺渺茫茫的，我們似乎走進了一條死胡同。

怎麼辦呢? 山不轉，但路可以轉; 所以人生的經歷告訴我們，是路轉的時候了。若是 $a+1$ 取 p 次方，在模 p 之下那可就簡單極了。因為取 p 次方時，二項式定理明示: 其係數除了頭尾兩項都是 1 之外，其餘都是 p 的倍數; 也就是說，

$$p \,\Big|\, \binom{p}{j} = \frac{p!}{j!(p-j)!}, \ 1 \le j \le p-1$$

此乃分母中所有的整數因子都比 p 小，這確保了分子的 p 不會被消掉。所以在模 p 之下，二項 p 次方之後還是二項而非 $p+1$ 項; 也就是說，

$$(a+1)^p \equiv a^p + 1 \pmod{p}$$

當然，這裡項數的 2 可以取代為任何的正整數; 換句話說，

和的 p 次方等於 p 次方的和。

所以，為了讓我們的日子過得更舒適安然一些，在模 p 的世界裡，我們得先將結論中的次方修飾成 p 次方。這不難，只消在等式兩邊各乘上 a 即可; 因此我們有

$$a^p \equiv a \pmod{p}, \ \forall a \in \mathbb{N} \tag{$*$}$$

更帥的是，當 a 不是 p 之倍數時，此同餘式與原先之同餘式是等價的。

現在回到原先的目標，我們想對 a 作數學歸納法；而我們的 a 卻被限制為非 p 之倍數，數學歸納法必須對所有的正整數才行，不能摒除 p 的倍數。很幸運的，修飾之後的版本 $a^p \equiv a \pmod p$ 對 p 的倍數自動成立；因為在模 p 之下，同餘式兩邊都是 0。

因此我們可用數學歸納法證明上面的同餘式 (*) 如下：

(i) $a = 1$ 時同餘式 (*) 成立，因 $1^p \equiv 1 \pmod p$；

(ii) 假設 $a = k$ 時同餘式 (*) 成立，亦即 $k^p \equiv k \pmod p$。故

$$(k+1)^p \equiv k^p + 1 \equiv k + 1 \pmod p$$

這意味著 $a = k + 1$ 時同餘式 (*) 也成立；故得證

$$a^p \equiv a \pmod p, \ \forall a \in \mathbb{N}$$

接下來，$a = 0$ 時同餘式 (*) 當然成立；那麼 a 是負整數時又如何呢？令 $a = -k,\ k \in \mathbb{N}$，請看：

$$a^p = (-k)^p = -k^p \Rightarrow a^p = (-k)^p = -(k^p) \equiv -k = a \pmod p$$

所以關鍵在於等式 $(-k)^p = -k^p$ 對嗎？若 p 是奇數，當然沒問題；p 是偶數又怎麼樣呢？一般而言，是不對的；因為 $-k$ 的偶數次方，符號會變成正的。然而，我們的 p 是質數；除了 $p = 2$ 之外，其他時候都是奇數。但當 $p = 2$ 時，我們生活在一個沒有正負之分的世界；因為在模 2 的世界裡，$1 + 1 \equiv 0 \pmod 2$。所以，$-1 \equiv 1 \pmod 2$；也就是說，負的就是正的，減法就是加法。因而我們永遠有

$$(-k)^p = -k^p \pmod p$$

這就完成了對同餘式 $a^p \equiv a \pmod p,\ \forall a \in \mathbb{Z}$ 的證明，也完成了費馬小定理的證明。

🔑【公式如何導出來?】

　　用數學歸納法證明容易帶給人空虛的感覺,因為不知道公式從何而來? 空虛之餘,接下來呢? 至少有兩件事情可以進行,其一當然是希望把公式導出來;其二則是可能的話,將公式推廣或一般化。

　　整數無窮,模 p 之後只剩 p 個餘數 $0, 1, 2, \cdots, p-1$,通常用符號 $\mathbb{Z}_p$ 表示,在模 p 的加法及乘法之下 $(\mathbb{Z}_p, +, \cdot)$ 形成一個有限體的代數結構。費馬小定理所生存的空間就在這個有限體的乘法結構當中,也就是 $(\mathbb{Z}_p^\times, \cdot)$ 當中;此處 $\mathbb{Z}_p^\times = \{1, 2, 3, \cdots, p-1\}$,這是一個交換群的代數結構。下面有些地方會用到抽象代數中群的一些術語,可參閱[44]。

　　我們現在就從這個有限交換群的代數結構,來建構費馬小定理。令整數 a 為非 p 的倍數,亦即與 p 互質,故 $a \in \mathbb{Z}_p^\times$。此群包含有 $p-1$ 個元素,而這正是定理中 a 的次冪。因而,很自然地,我們將 a 乘上群中的每一個數,如此得到包含有 $p-1$ 個 a 之倍數的集合

$$\mathbb{Z}_p^\times a = \{1a, 2a, 3a, \cdots, (p-1)a\} \subseteq \mathbb{Z}_p^\times$$

在模 p 之下,集合 $\mathbb{Z}_p^\times a$ 中的數是否兩兩相異呢? 不難看出,只消利用群的消去律即可確認的確如此;因而此二集合 $\mathbb{Z}_p^\times a$ 與 $\mathbb{Z}_p^\times$,在模 p 之下同歸於一: $\mathbb{Z}_p^\times a = \mathbb{Z}_p^\times$。將各自集合中所有的數相乘,即得

$$(1a)(2a) \cdots (p-1)a \equiv 1 \cdot 2 \cdots (p-1) \pmod{p}$$

或 $(p-1)! a^{p-1} \equiv (p-1)! \pmod{p}$;消去律帶領我們抵達費馬小定理

$$a^{p-1} \equiv 1 \pmod{p}$$

在上面的論證當中，我們用到了 $(\mathbb{Z}_p^\times, \cdot)$ 是有限交換群的代數結構；不僅導出了公式，同時也證明了費馬小定理。此定理有許許多多的應用，特別是計算模次冪的時候可以節省很多的時間；例如 $2^{10} = 1024 \equiv 1 \pmod{11}$，由此可算出 $2^{53} \pmod{11}$ 如下：

$$2^{53} = (2^{10})^5 2^3 \equiv 1^5 2^3 \equiv 8 \pmod{11}$$

▲ 皮埃爾・德・費馬 (Pierre de Fermat)

3.5 推廣為歐拉定理

上面的論證告訴我們，費馬小定理此種論證的本質彰顯在 $(\mathbb{Z}_p^\times, \cdot)$ 是有限交換群的代數結構上。若將質數的假設拿掉，公式會長得怎麼樣呢？不需經過太多的思考，很自然地我們會想到乘法群

$$\mathbb{Z}_n^\times = \{ a \in \mathbb{Z}_n \mid \gcd(a, n) = 1 \}$$

其元素個數就等於 $\phi(n)$，也就是小於 n 而又跟 n 互質的正整數之個數。這同樣擁有交換群的代數結構 [44]。

我們現在可優哉游哉輕輕鬆鬆地，將上一節的論證依樣畫葫蘆地來建構費馬小定理推廣到一般模 n 的公式。令 a 為與 n 互質的整數且令 $\mathbb{Z}_n^{\times} = \{a_1, a_2, a_3, \cdots, a_{\phi(n)}\}$。仿上，我們考慮將 a 乘上群 $\mathbb{Z}_n^{\times}$ 中每一個數所得到的集合

$$\mathbb{Z}_n^{\times} a = \{a_1 a, a_2 a, a_3 a, \cdots, a_{\phi(n)} a\} \subseteq \mathbb{Z}_n^{\times}$$

消去律告訴我們，其中的元素兩兩互異；故得到

$$\mathbb{Z}_n^{\times} a = \mathbb{Z}_n^{\times} \quad (\bmod\, n)$$

所以有

$$(a_1 a)(a_2 a) \cdots (a_{\phi(n)} a) \equiv a_1 a_2 \cdots a_{\phi(n)} \quad (\bmod\, n)$$

交換律允許我們將 a 集中在一起，寫成 a 的 $\phi(n)$ 次方；故得

$$(a_1 a_2 \cdots a_{\phi(n)}) a^{\phi(n)} \equiv (a_1 a_2 \cdots a_{\phi(n)}) \quad (\bmod\, n)$$

最後再讓消去律施展發功一次，得到費馬小定理的推廣（即歐拉定理）：若整數 a 與 n 互質，則我們有同餘式

$$a^{\phi(n)} \equiv 1 \quad (\bmod\, n)$$

歐拉定理

若 $\gcd(a, n) = 1$，則 $a^{\phi(n)} \equiv 1 \ (\bmod\, n)$。

⊘注意 當 $n = p$ 為一質數，則歐拉定理＝費馬小定理。

🔑 【歐拉 $-\phi$ 函數】

歐拉 $-\phi$ 函數 $\phi(n)$ 就是比 n 小又與 n 互質之正整數的個數。例如，$n = 10$ 則有四個這種整數，即 1, 3, 7, 9; 因此，$\phi(10) = 4$。若 p 為一質數而 $n = p^r$，則除了 p 的倍數（也就是 $p, 2p, 3p, \cdots, p^{r-1} \cdot p$）之外，其餘的數皆與 n 互質。因此，

$$\phi(p^r) = p^r - p^{r-1} = p^r(1 - \frac{1}{p}) \tag{3.1}$$

特別而言，我們有

$$\phi(p) = p - 1$$

若是兩個質數的乘積呢? 令 $n = pq$ 為二質數 p 跟 q 的乘積，則介於 1 跟 n 之間但不跟 n 互質的數只有兩類; 一類是 p 的倍數共有 q 個，另一類是 q 的倍數共有 p 個，這兩類有一個共同的元素就是 $qp = pq = n$。所以介於 1 跟 n 之間又跟 n 互質的整數個數共有

$$\phi(pq) = pq - q - p + 1 = q(p-1) - (p-1) = (p-1)(q-1) = \phi(p)\phi(q)$$

若只是兩個互質整數 m 跟 k 的乘積呢? 那上面的公式還成立嗎? 也就是說，下面的命題（通常稱為歐拉 $-\phi$ 函數的乘法性）是否依然成立呢?

若 $\gcd(m, k) = 1$，則 $\phi(mk) = \phi(m)\phi(k)$。

其實這個乘法性乃是孫子定理的一個簡單推論而已。我們先用此結果來推導歐拉 $-\phi$ 函數值 $\phi(n)$ 的公式如下: 若 n 的標準分解式為

$$n = p_1^{a_1} p_2^{a_2} p_3^{a_3} \cdots p_s^{a_s} = \prod_{i=1}^{s} p_i^{a_i}$$

則根據乘法性以及公式 (3.1) 我們有

$$\phi(n) = \phi(p_1^{a_1})\phi(p_2^{a_2})\phi(p_3^{a_3}) \cdots \phi(p_s^{a_s})$$

$$= p_1^{a_1}(1 - \frac{1}{p_1})p_2^{a_2}(1 - \frac{1}{p_2}) \cdots p_s^{a_s}(1 - \frac{1}{p_s})$$

$$= p_1^{a_1}p_2^{a_2} \cdots p_s^{a_s}(1 - \frac{1}{p_1})(1 - \frac{1}{p_2}) \cdots (1 - \frac{1}{p_s})$$

$$= n\prod_{i=1}^{s}(1 - \frac{1}{p_i})$$

故得歐拉 $-\phi$ 函數 $\phi(n)$ 的公式為

$$\phi(n) = n\prod_{i=1}^{s}(1 - \frac{1}{p_i}) \tag{3.2}$$

　　現在我們回頭證明歐拉 $-\phi$ 函數的乘法性。在此會施展數論裡頭最強而有力的技巧或工具之一，稱之為

數一數 (Counting)

怎麼數呢? 簡單的說，找出兩個集合; 第一個集合包含有 $\phi(mk)$ 個元素而第二個集合則包含有 $\phi(m)\phi(k)$ 個元素，然後再證明這兩個集合有一一對應的關係，因而有相同的元素個數。集合那兒找呢? 看似遠在天邊，卻是近在眼前! 從歐拉 $-\phi$ 函數的定義，其實這三個數 $\phi(mk)$, $\phi(m)$, $\phi(k)$ 分別是集合 A, B, C 的元素個數。

$$A = \mathbb{Z}_{mk}^{\times} = \{ a \mid 1 \leq a \leq mk, \ \gcd(a, mk) = 1 \},$$

$$B = \mathbb{Z}_m^{\times} = \{ b \mid 1 \leq b \leq m, \ \gcd(b, m) = 1 \},$$

$$C = \mathbb{Z}_k^{\times} = \{ c \mid 1 \leq c \leq k, \ \gcd(c, k) = 1 \},$$

因此我們所要找的第一個集合就是包含有 $\phi(mk)$ 個元素的集合 A，而第二個集合則是

$$B \times C = \{(b, c) \mid 1 \le b \le m,\ 1 \le c \le k,\ \gcd(b, m) = 1,\ \gcd(c, k) = 1\}$$

因為數對 (b, c) 中的第一個元素有 $\phi(m)$ 個選擇的機會而第二個元素則有 $\phi(k)$ 個選擇的機會，所以乘法原理說這個集合包含有 $\phi(m)\phi(k)$ 個元素。

為了緩和整個證明的過程，避免讓你覺得太抽象又太無聊，我們姑且先看一個實例，給你心裡有個實底。若 $m = 5$, $k = 6$，則第一個集合包含的數共有 $\phi(30) = 8$ 個如下：

$$\{1, 7, 11, 13, 17, 19, 23, 29\}$$

這些都是跟 30 互質的數；而第二個集合則包含有數對

$$\{(1, 1), (2, 1), (3, 1), (4, 1), (1, 5), (2, 5), (3, 5), (4, 5)\}$$

其中每個數對的第一個數跟 5 互質，但第二個數則跟 6 互質。好了，可以回歸一般情況囉! 如何去建立一個從集合 A 到集合 $B \times C$ 的一一對應的函數關係呢? 且看下面的函數 f

$$f : a \mapsto (b, c); \text{此處 } b = a \pmod{m} \text{ 且 } c = a \pmod{k}$$

再回去剛剛那個實例，看看函數 f 如何把集合 A 中的數送到集合 $B \times C$ 中的數對；譬如說 $17 \in A$ 被送到 $(2, 5)$，因為

$$17 \equiv 2 \pmod{5}, \ 17 \equiv 5 \pmod{6}$$

同樣的方式執行在集合 A 中的每一個數，得到

$$
\begin{array}{ccc}
A & \to & B \times C \\
1 & \mapsto & (1, 1) \\
7 & \mapsto & (2, 1) \\
11 & \mapsto & (1, 5) \\
13 & \mapsto & (3, 1) \\
17 & \mapsto & (2, 5) \\
19 & \mapsto & (4, 1) \\
23 & \mapsto & (3, 5) \\
29 & \mapsto & (4, 5)
\end{array}
$$

所以在此例中，我們看見了這真是一個一一對應的函數關係。

再一次回歸一般情況！我們需要證明函數 f 是一對一且映成：

❶集合 A 中不同的數送到集合 $B \times C$ 中不同的數對（一對一），

❶每個 $B \times C$ 的數對都會被集合 A 中某個數所對應到（映成）。

先看看是否一對一？若集合 A 中的數 a_1, a_2 被送到同一個數對，也就是 $f(a_1) = f(a_2)$，這意味著，

$$a_1 \equiv a_2 \pmod{m} \text{ 且 } a_1 \equiv a_2 \pmod{k}$$

因此 $a_1 - a_2$ 可同時被 m 跟 k 整除。然而，m 跟 k 是互質的，所以 $a_1 - a_2$ 必定被這兩個數的乘積 mk 所整除。換句話說，

$$a_1 \equiv a_2 \pmod{mk}$$

這告訴我們 a_1, a_2 乃集合 A 中同一個元素，這就是一對一。

最後看看是否映成? 每個 $B \times C$ 中的數對 (b, c) 都會被集合 A 中某個數 x 所對應到嗎? 這意味著, 同餘方程組

$$x \equiv b \pmod{m} \text{ 且 } x \equiv c \pmod{k}$$

有解嗎? 而這正是孫子定理施展其神功的地方 (見第三節): 必存在唯一的 $a \pmod{mk}$ 滿足上面的同餘方程組。至此, 證明歐拉 $-\phi$ 函數的乘法性大功告成; 同時也完成了歐拉 $-\phi$ 函數計算公式的證明。

● 例題 3.8

試問 7^{803} 的最後三位數為何?

● 解 所要求的乃是被 1000 除的餘數, 因此我們必須在模 1000 之下工作。因為

$$\phi(1000) = 1000(1 - \frac{1}{2})(1 - \frac{1}{5}) = 400$$

所以

$$7^{803} = (7^{400})^2 \cdot 7^3 \equiv 1^2 \cdot 343 = 343 \pmod{1000}$$

因此 7^{803} 的最後三位數為 343。

⊘ 注意 在此我們可將次冪由 803 改為 3, 因為
$$803 \equiv 3 \pmod{\phi(1000)}$$

模次冪基本原理

在模 n 工作時, 次冪必須在模 $\phi(n)$ 之下運作。

這個極其重要的原理我們會一再的使用。所以要好好的思考上面的那些例子，直到你自己確信在次冪的地方一定要模 $400 = \phi(1000)$ 才算完成正確（也就是說，不要去當那許許多多的大傻瓜，錯誤地試著將次冪放在模 1000 之下來運作）。

🗝 【推廣到有限交換群也成立】

上兩節的論證中，首先我們施展消去律，讓看似不同的兩個集合 Ga 與 G 同歸於一。其次，交換律提供給集合 Ga 一個機會；當裡面所有元素相乘時，其中的 a 可聚集在一起寫成 a 的一個次冪。最後，再讓消去律發功一次，得到所要的公式；不管稱為費馬小定理也好或是稱為歐拉定理也好，都是同一個模子。

這意味著什麼呢？這意味著目前的論證，其本質在 G 是有限交換群的代數結構上。因此之故，推廣至有限交換群，不僅是理所當然，且是不費吹灰之力啊。令 G 為擁有 m 個元素的交換群且令 $a \in G$ 為當中的任何一個元素，則 $a^m = e$，此處 e 為 G 的單位元素。其證明不言而喻！令 $G = \{a_1, a_2, \cdots, a_m\}$，則消去律告訴我們，$Ga = \{a_1 a, a_2 a, \cdots, a_m a\}$ 中的元素兩兩互異；所以我們有 $Ga = G$。將 Ga 與 G 各自集合裡面所有的元素相乘，交換律使 a 聚集一處；故得

$$(a_1 a_2 \cdots a_m) a^m = (a_1 a_2 \cdots a_m)$$

最後，再一次的使用消去律；我們終於抵達目的地 $a^m = e$，真是帥呆了。若將交換性拿掉，上面的論證可就行不通了，接下來還有路可以繼續走下去嗎？值得深思！

🔐【非交換群也成立嗎?】

　　非交換群時，會有同樣的公式嗎? 也就是說，在擁有 m 個元素的非交換群 G 裡，是否 $a^m = e$, $\forall a \in G$?

　　這是最後的挑戰! 我們面臨再一次的山不轉路轉之關鍵時刻。如何路轉? 沒有交換性，元素 a 要集中一處僅有的法子就是: 不可有任何其他元素的干擾。因此之故，順理成章地我們考慮群 G 中由元素 a 所生成的循環子群 $\langle a \rangle = \{ a^n \mid n \in \mathbb{Z} \} < G$。因為 G 是有限群，必存在正整數 $i < j$ 使得 $a^i = a^j$，所以 $a^{j-i} = e$。正整數 $\mathbb{N}$ 之良序性應許我們必存在一最小正整數 k 使得 $a^k = e$，稱之為 a 的週期 (order)，通常以符號 $\circ(a)$ 表示之。所以在此種情況，這個循環子群

$$\langle a \rangle = \{ a, a^2, a^3, \cdots, a^{\circ(a)} = e \}$$

僅包含有 $\circ(a)$ 個元素。若 $a^m = e$，那麼週期 $\circ(a)$ 必定可以整除次冪 m; 亦即 $\circ(a) \mid m$。若否，則將 m 除以週期 $\circ(a)$，得到商為 q 餘數為 r，此處 $0 < r < \circ(a)$。由此得知，

$$r = m - q\circ(a) \Rightarrow a^r = a^m (a^{\circ(a)})^{-q} = ee^{-q} = e$$

因而在這裡，冒出來一個比週期 $\circ(a)$ 還小的正整數 r 使得 $a^r = e$，這顯然違背了週期的定義，故得證。換句話說，我們已經證明了: 欲達目的地 $a^m = e$ 之必要條件是 $\circ(a) \mid m$。反過來，是否 $\circ(a) \mid m$ 也是目的地 $a^m = e$ 之充分條件呢? 很明顯的，指數律告訴我們，答案是肯定的。所以想要證明 $a^m = e$，就等同於去證明 $\circ(a) \mid m$; 這就是下面所要進行的工作。

令 $A = \langle a \rangle$ 且令 $k = \circ(a)$。若 $A = G$，則 $m = \circ(a)$，沒什麼好證的。故假設 $A \neq G$，則存在有一元素 $b \in G$ 但 $b \notin A$，然後將目前所有知道的元素列表如下：

$$a, a^2, a^3, \cdots, a^{k-1}, e$$
$$ab, a^2b, a^3b, \cdots, a^{k-1}b, b$$

不難看出，所有在第二列出現的元素兩兩相異（根據消去律）而且也迥異於在第一列出現的元素（$a^i b = a^j \Rightarrow b = a^{j-i} \in A$ 違背了假設 $b \notin A$）。

至此，我們已經列出了 $2\circ(a)$ 元素；若這就是 G 所有的元素，那麼證明完畢，下臺一鞠躬。否則的話，就選取不在這兩列的元素 c 並考慮下面新的表列：

$$a, a^2, a^3, \cdots, a^{k-1}, e$$
$$ab, a^2b, a^3b, \cdots, a^{k-1}b, b$$
$$ac, a^2c, a^3c, \cdots, a^{k-1}c, c$$

同樣地不難看出，所有在第三列出現的元素兩兩相異（根據消去律）而且也迥異於在前兩列出現的元素。因此上面列出來的元素總共有 $3\circ(a)$ 個。如此繼續進行下去的話，每次所新製造出來的元素都是有 $\circ(a)$ 個。G 的有限性保證我們在有限個步驟，說是 s 個步驟之後就會掃盡所有 G 中的元素；因而得到 $m = s\circ(a)$，故得證 $\circ(a) \mid m$。

▲ 拉格朗日

🔓【美哉拉格朗日❷氏】

　　我們若將上面由元素 a 所生成的循環子群換成任意的子群 $H < G$，那麼一模一樣的論證（僅需將次冪移至下標 $H = \{ a_1, \cdots, a_{k-1}, a_k = e \}$）；同樣可以得到 H 的元素個數。(H) 是 G 元素個數。(G) 的因子。這就是群論中鼎鼎有名而且最最基本的一個定理，稱之為拉格朗日定理。

　　這就完成了從費馬到拉格朗日的簡單旅程。我們從費馬小定理出發，本著推導公式的方法：推廣、推廣、再推廣，卻靠著拉格朗日從死胡同中路轉而出。下面，我們恭恭敬敬地再一次敘述拉格朗日定理 (Lagrange's Theorem)，並將其最重要的五個推論依序擺在你的面光之中 [22]；最後又再度回歸費馬小定理，如此這般地我們瀟灑走一回。

---

❷ 約瑟夫・拉格朗日伯爵（法語: Joseph Lagrange，1736 年 1 月 25 日－1813 年 4 月 10 日），法國籍義大利裔數學家和天文學家。拉格朗日曾為普魯士腓特烈大帝在柏林工作了 20 年，被腓特烈大帝稱做「歐洲最偉大的數學家」，後受法國國王路易十六的邀請定居巴黎直至去世。拉格朗日一生才華橫溢，在數學、物理和天文等領域做出了很多重大的貢獻。詳細見網頁 http://zh.wikipedia.org/wiki/約瑟夫・拉格朗日。

拉格朗日定理

若 G 是有限群且 H 是 G 的子群，則

$$\circ(H) \mid \circ(G)$$

推論一　若 G 是元素個數為質數 p 的有限群，則 G 是循環群。

證明　選取非單位元素 $a \in G$ 且令 $H = \langle a \rangle$，則

$$1 < \circ(H) \mid \circ(G) = p \Rightarrow \circ(H) = p \Rightarrow H = G$$

故得證 G 是循環群。

推論二　若 G 是有限群且 $a \in G$，則 $\circ(a) \mid \circ(G)$。

證明　令 $H = \langle a \rangle$，則 $\circ(a) = \circ(H) \mid \circ(G)$，故得證。

推論三　若 G 是有限群且 $a \in G$，則 $a^{\circ(G)} = e$。

證明　推論二得知 $\circ(a) \mid \circ(G)$，則 $\circ(G) = r\circ(a)$，其中 $r \in \mathbb{N}$。故

$$a^{\circ(G)} = a^{r\circ(a)} = (a^{\circ(a)})^r = e^r = e$$

推論四　若 n 是正整數且若整數 a 與 n 互質，則我們有

$$a^{\phi(n)} \equiv 1 \pmod{n}$$

證明　將推論三執行在乘法群 $G = \mathbb{Z}_n^\times$，即得。

推論五　若 p 是正質數且若整數 a 不是 p 的倍數，則有

$$a^{p-1} \equiv 1 \pmod{p}$$

證明　將推論三執行在乘法群 $G = \mathbb{Z}_p^\times$，即得。

第四講

維吉內爾不可破─位移變形最奇絕

　　上一講提到試圖改良位移密碼的兩個構想：第一是將加密的位移函數變成更一般的函數，上面用到的是仿射函數，其實就是一次多項式函數；現在回到第二個構想是仍舊用位移函數，但位移數隨著所在的位置改變，不過得固定長度成一循環。此種加密方式就變成區塊式的，加密鑰匙不是一個數而已；而是一串的數，說得有學問一點就是一個向量。這就是下面所要探討的維吉內爾密碼。

▲維吉內爾

▲亞伯提

4.1　維吉內爾位移變

　　維吉內爾密碼乃是位移密碼的一個變形，早在十六世紀末就已經被發現，但它的起源可追溯到十五世紀的佛羅倫斯才子亞伯提❶

(Alberti)。在當時，所有代換密碼在加密一封信函時都只用到一套密碼字母。亞伯提建議採用兩套、甚至更多套密碼字母，在加密過程的當中週期性地交替使用，藉以混淆破密者的分析。雖然這個構想是那個時代在密碼術上一項非常重大的突破，但亞伯提卻沒有把這個概念發展成一套完整且具體可行的密碼系統。所以此項任務就落在之後的幾位學者身上。

🔢 第一位是德國於 1462 年出生的約翰尼斯・特里特繆斯 (Johannes Trithemius)，當過修道院院長；

🔢 再來是 1535 年出生的約喬凡尼・波塔 (Giovanni Porta)，他是義大利的科學家；

🔢 最後是 1523 年出生的勃雷茲・維吉內爾 (Blaise de Vigenère)，當過法國外交官。維吉內爾 26 歲時被派去羅馬擔任兩年的外交官，因而讀到亞伯提、特里特繆斯和波塔的相關著作。剛開始時，他對密碼術的興趣純為外交工作上的需要。到了 39 歲時，維吉內爾認為自己積蓄的錢足以支持他放棄工作，專注於研究生涯了。此時他才仔細思考亞伯提、特里特繆斯和波塔的構想，並將它們發展成一套既完整又強大的新密碼系統。

---

❶里昂・巴提斯塔・亞伯提 (Leon Battista Alberti, 1404–14××) 是文藝復興的重要人物之一。他既是畫家、作曲家、詩人、哲學家，也是第一篇科學性分析透視法的論文、探討家蠅的論文以及給愛犬的祭文之作者。他最著名的身分是建築師——羅馬翠維噴水池 (Trevi Fountain) 的原始設計者，著有第一本印刷出版的建築論著《論建築》(*De reaedificatoria*)，此書是建築設計從哥德式樣轉變成文藝復興式樣的催化劑。

　▲特里特繆斯　　　　　▲波塔

　　雖然亞伯提、特里特繆斯和波塔都有極重要的貢獻，這套密碼系統仍被稱為維吉內爾密碼 (Vigenère Ciphers)，以彰顯維吉內爾將它發展成形的功勞。雖然在十九世紀時，查理・巴比齊 (Charles Babbage) 與弗瑞德瑞克・威爾赫倫・卡西斯基 (Friedrich Wilhelm Kasiski) 已展示出如何破解之法，但是一直到二十世紀初期，這個密碼系統被許多人認為是堅如磐石又如銅牆鐵壁般地安全。終於在 1920 年代，威廉・佛里德曼[2](William F. Friedman) 發展出額外的技巧將這個密碼系統及其相關的密碼系統破解。

---

❷佛里德曼 (Friedman, 1891–1969) 是美國軍方密碼學家。許多人認為他是歷史上最偉大的密碼學家之一，而他應用統計方法來破解密碼乃是此領域中最有意義的進展。詳情請參閱下列網頁之介紹 http://en.wikipedia.org/wiki/William_F._Friedman。

▲ 巴比齊　　　　　　　▲ 佛里德曼

　　此密碼之鑰匙為一向量，運作如下：首先選取一長度，如 4，然後選一個這種長度的向量，其中之元素為介於 0 與 25 之間的整數，如 $k = (5, 8, 18, 7)$。通常鑰匙對應於一個較容易記憶的字。在我們的例子中，此字為 fish。

　　用此 $k = (5, 8, 18, 7)$ 可將信息加密如下：把明文中的第一個字母移動 5 個位置，第二個字母移動 8 個位置，第三個字母移動 18 個位置，第四個字母移動 7 個位置。再回到第一個分量，所以第五個字母移動 5 個位置，第六個字母移動 8 個位置，……等。如下所示：

（明文）　i l o v e y o u v e r y m u c h
（鑰匙）　5 8 18 7 5 8 18 7 5 8 18 7 5 8 18 7
（密文）　N T G C J G G B A M J F R C U O

解密的話，則反其道而行；如加密鑰匙為「林來瘋」

　　　　linsanity $= (11, 8, 13, 18, 0, 13, 8, 19, 24)$

密文為 TIZEUPPLKLZGWRGPTLJWH；破解如下：

（第一個字母向左移動 11 個位置，……等。）

（密文）	T	I	Z	E	U	P	P	L	K	L
（鑰匙）	11	8	13	18	0	13	8	19	24	11
（明文）	i	a	m	m	u	c	h	s	m	a

（密文）	Z	G	W	R	G	P	T	L	J	W	H
（鑰匙）	8	13	18	0	13	8	19	24	11	8	13
（明文）	r	t	e	r	t	h	a	n	y	o	u

所以破解之後的明文如下：i am much smarter than you。

4.2　尋思破解維氏碼

破解維吉內爾密碼之二部曲就是，先算出鑰匙長度然後再求出鑰匙；詳情見下下節，但相關的 Mathematica 程式請參考 [42]。

接著我們一起來思考那四種攻擊法如何進行破解。

1. 密文攻擊法：對密文攻擊法而言，長久以來此法被認為是安全的。主要原因在於加密過程當中，每一個字母已經被分散到好幾個字母上面去了，如前所述。所以光是頻率分析當然沒有用。但從加密法則裡得知，只要算出鑰匙的長度，那麼就可以將那些經同一位移數得到的密文集中在一起。那麼頻率分析就可以各個擊破，此乃必然要採取的戰略。所以這種情況也是很容易就可以找到鑰匙。4–4 節會有詳細的討論。

2. 已知明文攻擊法：若有足夠的字母，則已知明文攻擊法一定成功；此乃因為將密文減掉明文即鑰匙也。

3. 選擇明文攻擊法：選取明文 aaaaa... 來執行選擇明文攻擊法，那麼你馬上就可得到加密鑰匙。

4. 選擇密文攻擊法：我們可使用密文 AAAAA... 得到解密鑰匙，其實這就是加密鑰匙的負值。

4.3　頻率分析真是妙

破密學用到下列事實：在大部分的英語文章中字母出現的頻率是不一樣的。譬如 e 出現得比 z 頻繁許多，s 出現得也比 q 頻繁。這個相對頻率表的統計依據取自報紙和小說的章節，共計 100362 個字母；由貝克 (H. Beker) 與派波 (F. Piper) 編纂，最早見於 [6] 一書。列表如下：

▲英文字母頻率表 (Beker and Piper)

a	b	c	d	e	f	g	h	i
.082	.015	.028	.043	.127	.022	.020	.061	.070

j	k	l	m	n	o	p	q	r
.002	.008	.040	.024	.067	.075	.019	.001	.060

s	t	u	v	w	x	y	z
.063	.091	.028	.010	.023	.001	.020	.001

據此，貝克與派波將 26 個英文字母分成五組如下：

1. e 其機率大約為 0.12

2. t, a, o, i, n, s, h, r 其機率介於 0.06 至 0.09 之間

3. d, l 其機率大約為 0.04

4. c, u, m, w, f, g, y, p, b 其機率介於 0.015 至 0.028 之間

5. v, k, j, x, q, z 其機率略少於 0.01

二字串及三字串也可能有用。其排序如下：

⬛30 個常用的二字串按序為

th	he	in	er	an	re	ed	on	es	st
en	at	to	nt	ha	nd	ou	ea	ng	as
or	ti	is	et	it	ar	te	se	hi	of

⬛12 個常用的三字串按序為

the	ing	and	her	ere	ent
tha	nth	was	eth	for	dth

　　當然，突變異常是會出現，但這通常需要相當程度的努力來營造始成。作家恩斯特・文森特・懷特 (Ernest Vincent Wright) 所寫的 50110 個字的小說《加茲比》[57] (*Gadsby*) 中沒有任何一個 e。

　　更令人欽佩的是作家喬治・佩雷克 (Georges Perec) 用法文所寫的小說《消失》(*La Disparition*) 其字數超過百萬，同樣沒有半個 e（這不僅僅有伴隨著動詞等等而來的一般問題，而且幾乎是所有的陰性名詞和形容詞都必須迴避）。在吉爾伯特・阿代爾 (Gilbert Adair)[3]的英譯本書名為《虛空》(*A Void*) 裡也是沒有半個 e。但一般而言，只要有好幾百個字母的文稿，上面提供了我們通常會碰到的一個粗略估計。

　　如果我們有一個簡單的位移密碼，則字母 e 變成密文中的某一個字母，所以這個字母出現的頻率會跟 e 在原文中出現的頻率一樣。因此頻率分析之後，鑰匙可能就會被逼現身。然而，在上面維吉內爾密碼的例子當中，字母 e 在密文中以 L 跟 R 的面目出現。假如我們使用長一些的明文，那麼對應於位移 19, 20, 13, 6, 7, 0, 8 字母 e 有可能會被

───────────────────────

[3]阿代爾是英國作家，寫過幾部小說與非小說。因翻譯 Georges Perec 的 *A Void* 而獲得 Scott Moncrieff 獎。

加密成 X, Y, R, K, L, E, M。但密文中的 X 不僅僅是來自 e，字母 d 有可能會被加密成 X，只要它在明文中的位置之對應的位移數是 20 的時候即可。同樣的，k, r, q, x, p 都有可能會被加密成 X，所以 X 的頻率來自明文中的 e, d, k, r, q, x, p 的一個組合。如此一來，頻率分析就很難玩下去了。實際上，密文中的字母出現之頻率已被磨平變成與 1/26 非常接近。至少應該非常接近英文字母原始的分布。

這兒是更具體的一個例子，其密文如下：

（此處每隔七個字母的空白及每兩行中間的空行是為了方便計數）

YIHXZCW KYNTKSM OYAELAZ LUTUVUZ YUGNLRA ULBANHB YIEZOOV MBVYJOV

MCAKUTI GYJTHTQ HHPUUCM BPRJPNT BVRXAYI GXQKKIK TNRJAOB AYCXVPW

LCGOVNB AUGGSLU XHNXLCZ XUGKKEY NUYTVWE XUEKLNO TARJPNI ZLRGACQ

OCYCHRB XMGOUGE AYGNLRB AUGTHTQ HHBXHNG GUGOVNA HWBTJEQ OYQGUDA

HXRJPCI MYQIHNT HHTKUDC KYJKHRM FYGUUAO KYNZIAB MFRLPET WISZOAB

PUECLHI OYPUTEB HXRJPCI MYNVVRB BIAUMTP TNSOLLL TMNLPNI ELRYAIV

ZJYGJEN HLGNVSM PBBNLRM ZUIKAHM BLYOCEA MBNZAHI MHNZPOV FCTNALQ

OYVZPSI ENBMLTP XLSOATQ GANTKPZ HJRXAHI MQRYOOC EXQUAHQ LVHZPNI

EUEMLRA XHFKDEK THAUADM WCPGAEE XWNTUOB VIAYLCZ TNRCLCI GHBZOAT

EIJZOIA ZLBAUDB AYOXHVM FYARPVQ GANTKDM TXJNVSB KOTMSEL AYEKOAD

XWBTZEK KUGKKIB YUEGIOD XIHXWOW KJBCLRB HUQJVRL XNEGJTB AYJUYLL

PCYRSIB MFRTVTM GIERVNO KYZKTBM KQUGAWM LULNLRM UOGOACI GHRBLRN

HLTKAWP TNGNLYL BXUKYEQ MCFLVRC LNUKSID BHTXHTP XLGUIEL XXVIHTM

WBRXLTW MBRAUFQ GCFNLDE HLXCOIK ANUKFWP HZBANHB AYEKOAD XNUAZFI

KMBTVBT RUQBHNK XXVZPSZ TNUKYFW KOFZVBM AYEKKEL BWNZLDB HNUKNRM

TNGGZKZ XGNOUIV ZVRLVRM NMGNHTN KIZZOEA XBBTVRM WXRGKWM MUXKPNK

KYNYLDL XPBZPOV MIGNHTK TOFKMOZ PBVIOTP XSTGCEB AYYGZTN NFYSLAA

NLRUMDM OIGOVNB AUGCLHM KYUONHT RLRYVLD XNUGATP XMRJLAL LBNRSNW

MBNBLDQ XXVTCAQ GNUGATP BMAGAIW GOAJLRO HXFNHLT AUIKHNM PVVXAHW
YZEKLDW FUAJAHI MABBLRV FYAZVFB AYCKVPT XVLZOEX XICRLFW KNUKWEW
IFRYOAT EHBZWEZ BMULYOU MBRKHRB A

密文字母出現的頻率為（利用數學套裝軟體或是一般的編輯軟體
都可計算出來）：

A	B	C	D	E	F	G	H	I	J	K	L	M
73	63	32	17	40	21	48	54	45	21	56	68	51
N	O	P	Q	R	S	T	U	V	W	X	Y	Z
69	49	34	20	48	15	59	57	43	27	48	51	40

注意，這些字母出現的頻率並沒有哪一個特別高。如上所討論的，
此乃因為每一個字母在加密過程當中就已經被分散到好幾個字母上面
去了。所以單純的頻率分析當然是無用武之地。然而從它的加密法則
裡我們知道，只要有辦法算出鑰匙的長度，那麼就可以將那些經同一
位移數得到的密文集中在一起。如此一來，頻率分析又活龍活現了。
因此之故，第一要緊的是想辦法算出鑰匙的長度，此乃破解維吉內爾
密碼的關鍵所在。各位看官！欲知如何進行，且聽下節分解。

4.4 誰知鑰匙有多長

所以破解之二部曲就是，先算出鑰匙長度然後再求出鑰匙。我們
先談如何進行，再說明為何如此這般就能求出鑰匙。最後再提供尋找
鑰匙另類的方法。

將密文寫在一長紙條上，然後影印一份得到一模一樣的另一長紙
條。將此二長紙條平行並排，但起頭的字母相隔幾個字母的位置。譬
如，相隔二個字母的位置時如下圖：

YIHXZCWKYNTKSMOYAELAZLUTUVUZYUGNLRAULBANHBYIEZOOVM
YIHXZCWKYNTKSMOYAELAZLUTUVUZYUGNLRAULBANHBYIEZOOVM
x x

若上下字母相同就在其下方作記號 x 並計數之。上圖中僅密文中的前 50 個字，其中有 2 對相同的字母。如繼續數完，那共有 32 對。在不同的位移數之下所得到的此種相同字母對的個數，列表如下：

位移之個數：	1	2	3	4	5	6	7	8
相同字對數：	36	32	49	58	37	31	73	36

我們得知，當位移數為 7 時包含有最多的相同字母對。下面我們會說明這就是鑰匙長度的最佳猜測。此方法即使沒有電腦幫忙，速度也很快，而且通常所得到的數就是加密鑰匙的長度。

4.5　各個擊破尋鑰妙

現在探討尋找鑰匙的第一個方法：頻率分析，各個擊破。假設我們已經知道鑰匙長度是 $m = 7$，如上例。那麼位置在 n, $n+m$, $n+2m$, … 的字母（此處 $n = 1, 2, 3, …, m$），其加密的位移數都是一樣的。如此一來，就可以用頻率分析來幫助我們決定鑰匙第 n 個位置的位移數。首先我們將這些元素挑出來，這可透過 MATHEMATICA 定義指令執行之，接著算出每個字母出現的頻率，最後再作頻率分析得到該分量的大小。

■ 從字串中，選取位置在 n, $n+m$, $n+2m$, … 的字母並形成一字串，此處 m 為一正整數而 $n = 1, 2, 3, …, m$。

❶ $n = 1$ 時各字母出現的次數為

A	B	C	D	E	F	G	H	I	J	K	L	M
15	9	0	0	6	5	11	14	1	0	14	6	16
N	O	P	Q	R	S	T	U	V	W	X	Y	Z
4	6	5	0	2	0	11	2	1	4	23	5	5

出現最頻繁的是 X，而且比次高的超出 7，因此我們大可決定 X＝e，亦即鑰匙的第一個分量為 $23 - 4 = 19 = t$。

❶ $n = 2$ 時各字母出現的次數為

A	B	C	D	E	F	G	H	I	J	K	L	M
4	10	8	0	0	4	1	11	12	3	0	12	7
N	O	P	Q	R	S	T	U	V	W	X	Y	Z
15	5	2	2	0	1	0	20	5	4	11	25	2

出現最頻繁的是 U 與 Y，因此 U＝e 或是 Y＝e。若 U＝e，則位移數為 16，故 E＝o 才 0 次太少了，而 N＝x 有 15 次又太多了。因此 Y＝e，亦即鑰匙的第二個分量為 $24 - 4 = 20 = u$。

❶ $n = 3$ 時各字母出現的次數為

A	B	C	D	E	F	G	H	I	J	K	L	M
10	15	3	0	11	6	19	3	2	5	0	2	0
N	O	P	Q	R	S	T	U	V	W	X	Y	Z
15	1	3	6	23	3	7	12	7	0	2	7	2

出現最頻繁的是 R 與 G，因此 R＝e 或是 G＝e。若 G＝e，則位移數為 2，故 K＝i 才 0 次太少了，而 B＝z 有 15 次又太多了。因此 R＝e，亦即鑰匙的第三個分量為 17－4＝13＝n。

🔒 $n＝4$ 時各字母出現的次數為

A	B	C	D	E	F	G	H	I	J	K	L	M
5	4	6	0	1	0	15	0	3	9	26	5	3
N	O	P	Q	R	S	T	U	V	W	X	Y	Z
12	10	0	0	5	1	13	10	1	0	11	7	17

出現最頻繁的是 K，而且比次高的超出 9，因此我們大可決定 K＝e，亦即鑰匙的第四個分量為 10－4＝6＝g。

🔒 $n＝5$ 時各字母出現的次數為

A	B	C	D	E	F	G	H	I	J	K	L	M
20	0	3	1	0	1	0	15	3	4	8	28	3
N	O	P	Q	R	S	T	U	V	W	X	Y	Z
4	12	13	0	0	5	2	10	20	3	0	4	5

出現最頻繁的是 L，而且比次高的超出 8，因此我們大可決定 L＝e，亦即鑰匙的第五個分量為 11－4＝7＝h。

🔒 $n＝6$ 時各字母出現的次數為

A	B	C	D	E	F	G	H	I	J	K	L	M
11	3	9	11	18	5	1	11	9	0	1	6	0

N	O	P	Q	R	S	T	U	V	W	X	Y	Z
15	11	3	0	18	5	17	1	2	5	0	2	0

出現最頻繁的是 E, N, R 與 T，因此都有可能是 e。若 N = e，則位移數為 9，故 J = a 才 0 次太少了，而 I = z 有 9 次又太多了。若 R = e，則位移數為 13，故 Z = m 才 0 次太少了，而 D = q 有 11 次又太多了。若 T = e，則位移數為 15，故 X = i 才 0 次太少了，而 O = z 有 11 次又太多了。因此 E = e，亦即鑰匙的第六個分量為 4 − 4 = 0 = a。

🔒 $n = 7$ 時各字母出現的次數為

A	B	C	D	E	F	G	H	I	J	K	L	M
8	22	3	5	4	0	1	0	15	0	7	9	22

N	O	P	Q	R	S	T	U	V	W	X	Y	Z
4	4	8	12	0	0	9	2	7	11	1	1	9

我們發現最頻繁的是字母 B 與 M 各 22 次，而且比次高的超出 7，因此 B = e 或是 M = e。若 B = e，則位移數為 23，故 X = a 才 1 次太少了，而 W = z 有 11 次又太多了。因此 M = e，亦即鑰匙的第七個分量為 12 − 4 = 8 = i。

經過上面審慎的猜測，鑰匙可能是 tunghai，因為

$$\{19, 20, 13, 6, 7, 0, 8\} = \{t, u, n, g, h, a, i\}$$

如上面所看到的第六種情況，因為樣本數變為原來的七分之一，所以最高頻率的字母 e 有可能會被其他那些次高的字母所取代。但還是可能高頻率的字母群會出現在高頻率的字母群中，而低頻率的字母群會出現在低頻率的字母群中。如目前的情況，這就足以讓我們決定鑰匙中的每一個分量。一旦這個具有潛力的鑰匙出爐，那麼測試的最好方法就是使用此鑰匙來解密，所得到的結果應該是很容易就可以判斷其正確與否。在我們的例子中，所猜測的鑰匙是 {19, 20, 13, 6, 7, 0, 8}。所以解密鑰匙為此向量之負值，亦即 −{19, 20, 13, 6, 7, 0, 8}。我們可用此解密鑰匙得到明文，再將字與字之間的空格還原，即得原明文信息如下：

Fourscore and seven years ago our fathers brought forth on this continent a new nation, conceived in liberty and dedicated to the proposition that all men are created equal. Now we are engaged in a great civil war, testing whether that nation or any nation so conceived and so dedicated can long endure. We are met on a great battlefield of that war. We have come to dedicate a portion of that field as a final resting-place for those who here gave their lives that that nation might live. It is altogether fitting and proper that we should do this. But in a larger sense, we cannot dedicate, we cannot consecrate, we cannot hallow this ground. The brave men, living and dead who struggled here have consecrated it far above our poor power to add or detract. The world will little note nor long remember what we say here, but it can never forget what they did here. It is for us the living rather to be dedicated here to the unfinished work which they who fought here have thus far so nobly advanced. It is rather for us to be here dedicated to the great task remaining before us—that from these honored dead we take increased devotion to that cause for which they gave the last

full measure of devotion—that we here highly resolve that these dead shall
not have died in vain, that this nation under God shall have a new birth of
freedom, and that government of the people, by the people, for the people
shall not perish from the earth.

哇！終於真相大白，這就是鼎鼎有名的林肯蓋茨堡演說
(Gettysburg Address)。蓋茨堡會戰是美國內戰中最具決定性的會戰，
為北軍奠定了勝利的基礎。為了紀念兩軍的傷亡所換取的可貴平等人
權，美國總統林肯接受大衛‧威爾斯 (David Wills) 的邀請，於 1863 年
11 月 19 日，在戰場遺址發表此演說：……期望美國在上帝的庇佑之
下，必得到自由的新生——使民有、民治、民享的政府，能長存於世。

▲亞伯拉罕‧林肯

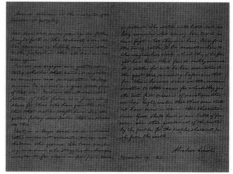

4.6　何故鑰匙長如是

為什麼如此這般的就找到鑰匙的長度？讓我們解釋一下其來龍去
脈。將英文字母出現的頻率按字母的順序排列形成一向量如下：

$$A_0 = (.082, .015, .028, \cdots, .020, .001)$$

令 A_i 為向量 A_0 位移 i 個位置後的結果，如：

$$A_2 = (.020, .001, .082, .015, \cdots)$$

向量 A_0 與自身的內積為

$$A_0 \cdot A_0 = (.082)^2 + (.015)^2 + \cdots = .066$$

當然，$A_i \cdot A_i$ 也是等於 .066，因為我們得到的是相同的 26 個乘積的和，只是排列不同而已。然而，當 $i \neq j$ 時內積 $A_i \cdot A_j$ 的值大約在 .032 與 .045 之間，遠比 $A_i \cdot A_i$ 還小：

$|i-j|$	0	1	2	3	4	5	6
$A_i \cdot A_j$	.066	.039	.032	.034	.044	.033	.036
$|i-j|$	7	8	9	10	11	12	13
$A_i \cdot A_j$	.039	.034	.034	.038	.045	.039	.042

這些內積只跟 $|i-j|$ 有關，理由如下：這些向量中的元素與向量 A_0 中的元素一樣，但被位移過。在內積中，A_0 的第 i 個元素與第 j 個元素相乘，第 $i+1$ 個元素與第 $j+1$ 個元素相乘，……等等。所以每一個元素乘上位移 $j-i$ 個位置之後的那個元素，這個內積只跟 i 與 j 的差 $i-j$ 有關。然而，互換 i 與 j 的角色並注意 $A_i \cdot A_j = A_j \cdot A_i$，我們得到相同的內積，所以這個內積只跟 $|i-j|$ 有關。在上表中，我們僅需算到 $|i-j| = 13$ 即可。例如，$i-j = 15$ 對應於在某個方向位移 15 個位置，也就是在反方向位移 11 個位置，所以 $i-j = 11$ 給我們相同的內積。

內積 $A_0 \cdot A_0$ 之所以高於其他內積者在於，此向量內之分量，大的跟大的、小的跟小的配對相乘。在其他的內積當中，大的數隨機地跟小的數配對相乘，這有削減的效果。

假設明文字母的分布情況非常接近英文字母的分布，如上面的向量 A_0 所顯示的。察看頂端密文長紙條上隨機的一個字母。此字母對應於英文字母上隨機的一個字母經位移 i 個位置者。而此字母對應的下端密文長紙條上的那個字母，又對應於英文字母上隨機的一個字母經位移 j 個位置者。這兩個元素同時為 A 的機率是 A_i 的第一個分量乘上 A_j 的第一個分量。此乃因為 A_i 的第一個分量所記錄的是挪移一隨機字母 i 個位置之後得到之密文為 A 的機率，而 A_j 的第一個分量亦然。依此方式，這兩個元素同時為 B 的機率是 A_i 的第二個分量乘上 A_j 的第二個分量。因此之故，這兩個元素為同一個元素的機率為 $A_i \cdot A_j$。當 $i \neq j$ 時，這差不多是 0.038；但如果 $i = j$ 則其內積差不多是 0.066。

我們是處於 $i = j$ 的情況，這正好是當同一位置的上下兩個字母是經過相同數目之位移的情況，那就是上端的紙條挪移的字母數目等於鑰匙的長度或鑰匙長度的倍數。因此在這種情況，我們期待有更多的相同字母對。

上例中的密文，其位移數為 7，我們有 1142 個比對及 73 對相同字母。根據上面的論證，我們應該可以期待大約有 $1142 \times 0.066 = 75.37$ 相同字母對，這很接近於實際的值。

4.7　尋鑰更上一層樓

利用上述的構想，我們有第二個方法可以找到鑰匙。在第一個方法中的頻率分析各個擊破，不可避免的需要作猜測。但目前要介紹的方法只需看數據不需作猜測，可以節省許許多多的時間；故曰更上一層樓。我們還是看上面的例子，先作詳細的解說，最後再歸納出一個簡單扼要的演算法可以快速的找到鑰匙。

▣為了要找出鑰匙的第一個分量，如前，先數算密文在第 1、第 8、
　第 15 ……位置上各字母出現的頻率並寫成一向量的形式 v_1

$v_1 = (15, 9, 0, 0, 6, 5, 11, 14, 1, 0, 14, 6, 16, 4, 6, 5, 0, 2, 0, 11, 2, 1,$
$4, 23, 5, 5)$

如果我們除以字母的總數目 165，可得一向量，此向量應該會近似於
上述的 A_i 之一，此處的 i 就是由鑰匙的第一個分量所導致的位移數。
如果我們計算

$$v_1 \cdot A_i,\ 0 \le i \le 25$$

則其最大值應該來自於正確的 i 值。這些內積如下：

i	0	1	2	3	4	5	6
$v_1 \cdot A_i$	6.337	5.397	5.553	5.913	6.920	6.305	7.819
i	7	8	9	10	11	12	13
$v_1 \cdot A_i$	6.612	7.019	6.165	6.097	5.408	6.905	5.644
i	14	15	16	17	18	19	20
$v_1 \cdot A_i$	5.478	6.779	5.510	4.850	6.383	10.975	6.376
i	21	22	23	24	25		
$v_1 \cdot A_i$	5.479	6.558	7.485	5.285	5.913		

最大的值是第 20 個元素，即 10.975，此數等於 $v_1 \cdot A_{19}$。因此我們猜測
第一個位移數為 19，對應的鑰匙字為 t。

▣依樣畫葫蘆，找出鑰匙的第二個分量，這次得數算密文在第 2、
　第 9、第 16 ……位置上各字母出現的頻率並寫成一向量 v_2

$v_2 = (4, 10, 8, 0, 0, 4, 1, 11, 12, 3, 0, 12, 7, 15, 5, 2, 2, 0, 1, 0, 20, 5,$
$4, 11, 25, 2)$

計算 $v_2 \cdot A_i$, $0 \leq i \leq 25$ 如下:

i	0	1	2	3	4	5	6
$v_2 \cdot A_i$	5.673	6.273	5.309	5.946	6.201	7.365	6.841
i	7	8	9	10	11	12	13
$v_2 \cdot A_i$	7.866	6.024	7.475	6.341	5.425	5.206	6.440
i	14	15	16	17	18	19	20
$v_2 \cdot A_i$	5.113	5.314	8.135	5.928	4.932	6.690	11.399
i	21	22	23	24	25		
$v_2 \cdot A_i$	6.177	5.228	5.663	6.639	4.561		

最大的值是第 21 個元素,即 11.399,此數等於 $v_2 \cdot A_{20}$。因此我們猜測第二個位移數為 20,對應的鑰匙字為 u。

🔒 找出鑰匙的第三個分量,這次得數算密文在第 3、第 10、第 17 ⋯⋯位置上各字母出現的頻率並寫成一向量 v_3

$v_3 = (10, 15, 3, 0, 11, 6, 19, 3, 2, 5, 0, 2, 0, 15, 1, 3, 6, 23, 3, 7, 12, 7, 0, 2, 7, 2)$

計算 $v_3 \cdot A_i$, $0 \leq i \leq 25$ 如下:

i	0	1	2	3	4	5	6
$v_3 \cdot A_i$	7.350	6.277	7.566	5.884	5.475	5.729	6.919
i	7	8	9	10	11	12	13
$v_3 \cdot A_i$	5.112	5.271	7.571	5.640	4.935	6.265	11.158
i	14	15	16	17	18	19	20
$v_3 \cdot A_i$	6.060	5.746	6.045	6.853	4.999	6.283	6.434
i	21	22	23	24	25		
$v_3 \cdot A_i$	5.165	5.404	6.026	7.558	6.439		

最大的值是第 14 個元素，即 11.158，此數等於 $v_3 \cdot A_{13}$。因此我們猜測第三個位移數為 13，對應的鑰匙字為 n。

🔘 找出鑰匙的第四個分量，這次得數算密文在第 4、第 11、第 18 ……位置上各字母出現的頻率並寫成一向量 v_4

$v_4 = (5, 4, 6, 0, 1, 0, 15, 0, 3, 9, 26, 5, 3, 12, 10, 0, 0, 5, 1, 13, 10, 1,$
$\qquad 0, 11, 7, 17)$

計算 $v_4 \cdot A_i$, $0 \le i \le 25$ 如下：

i	0	1	2	3	4	5	6
$v_4 \cdot A_i$	5.331	5.201	7.597	5.274	4.553	6.52	11.455

i	7	8	9	10	11	12	13
$v_4 \cdot A_i$	6.248	5.420	6.122	7.248	5.237	5.621	6.047

i	14	15	16	17	18	19	20
$v_4 \cdot A_i$	5.100	5.764	5.650	7.386	6.649	7.528	6.024

i	21	22	23	24	25		
$v_4 \cdot A_i$	7.615	6.485	6.030	5.634	6.425		

最大的值是第 7 個元素，即 11.455，此數等於 $v_4 \cdot A_6$。因此我們猜測第四個位移數為 6，對應的鑰匙字為 g。

🔘 找出鑰匙的第五個分量，這次得數算密文在第 5、第 12、第 19 ……位置上各字母出現的頻率並寫成一向量 v_5

$v_5 = (20, 0, 3, 1, 0, 1, 0, 15, 3, 4, 8, 28, 3, 4, 12, 13, 0, 0, 5, 2, 10, 20,$
$\qquad 3, 0, 4, 5)$

計算 $v_5 \cdot A_i$, $0 \le i \le 25$ 如下：

i	0	1	2	3	4	5	6
$v_5 \cdot A_i$	6.724	5.248	6.053	7.847	6.326	4.068	6.008
i	7	8	9	10	11	12	13
$v_5 \cdot A_i$	11.998	6.835	5.408	5.232	7.095	4.683	5.892
i	14	15	16	17	18	19	20
$v_5 \cdot A_i$	6.269	5.612	4.887	6.373	7.870	6.688	6.589
i	21	22	23	24	25		
$v_5 \cdot A_i$	6.177	7.827	6.297	5.272	4.886		

最大的值是第 8 個元素，即 11.998，此數等於 $v_5 \cdot A_7$。因此我們猜測第五個位移數為 7，對應的鑰匙字為 h。

🔒 找出鑰匙的第六個分量，這次得數算密文在第 6、第 13、第 20 ……位置上各字母出現的頻率並寫成一向量 v_6

$v_6 = (11, 3, 9, 11, 18, 5, 1, 11, 9, 0, 1, 6, 0, 15, 11, 3, 0, 18, 5, 17, 1, 2, 5, 0, 2, 0)$

計算 $v_6 \cdot A_i$, $0 \le i \le 25$ 如下：

i	0	1	2	3	4	5	6
$v_6 \cdot A_i$	10.669	5.860	5.339	6.266	6.662	5.329	5.593
i	7	8	9	10	11	12	13
$v_6 \cdot A_i$	5.754	4.826	6.758	6.647	7.469	5.868	7.655
i	14	15	16	17	18	19	20
$v_6 \cdot A_i$	6.265	7.813	5.712	6.052	4.835	6.016	5.540
i	21	22	23	24	25		
$v_6 \cdot A_i$	5.744	7.103	5.572	5.790	7.027		

最大的值是第 1 個元素，即 10.669，此數等於 $v_6 \cdot A_0$。因此我們猜測第六個位移數為 0，對應的鑰匙字為 a。

🔲 找出鑰匙的第七個分量，這次得數算密文在第 7、第 14、第 21 ……位置上各字母出現的頻率並寫成一向量 v_7

$v_7 = (8, 22, 3, 5, 4, 0, 1, 0, 15, 0, 7, 9, 22, 4, 4, 8, 12, 0, 0, 9, 2, 7, 11, 1, 1, 9)$

計算 $v_7 \cdot A_i$, $0 \le i \le 25$ 如下：

i	0	1	2	3	4	5	6
$v_7 \cdot A_i$	5.767	6.523	5.071	5.399	6.904	5.647	5.102
i	7	8	9	10	11	12	13
$v_7 \cdot A_i$	6.267	11.117	6.286	5.719	5.593	7.397	5.144
i	14	15	16	17	18	19	20
$v_7 \cdot A_i$	5.676	6.286	5.629	5.176	5.750	7.689	6.622
i	21	22	23	24	25		
$v_7 \cdot A_i$	6.759	6.175	8.261	6.249	5.956		

最大的值是第 9 個元素，即 11.117，此數等於 $v_7 \cdot A_8$。因此我們猜測第七個位移數為 8，對應的鑰匙字為 i。

經過上面的計算，再一次的我們得到鑰匙是 tunghai。

第五講

希爾密碼靠矩陣—你來我往互動勤

上面介紹過的每一個密碼系統中，改變明文中的一個字母，在密文中也有一個字母隨著改變。在位移、仿射與代換（下一節）密碼系統中，密文中的每一個字母都來自明文中唯一的一個字母。如此一來，頻率分析法在這些系統中尋找鑰匙時就無往不利了。在維吉內爾密碼中，由於使用了與鑰匙等長的字母區塊，以致直接頻率分析困難重重。然而一旦算出鑰匙長度之後，再分頭用頻率分析予以各個擊破，破解是指日可待，此乃因為在每一個字母區塊當中的字母彼此之間並沒有任何的互動。萊斯特・希爾[1](Lester Hill) 在 1929 年所發明的密碼法 [23] 當中，巧妙的運用了線性代數的技巧讓字母彼此之間開始互動起來，藉以增加系統的安全等級，因而得到更好更實用的一個密碼系統。這就是此講所要探討的希爾密碼 (Hill Ciphers)。

5.1 希爾密碼新世界

首先，我們選取一個正整數 n，如 $n = 2$。鑰匙是一個在模 26 之下的 n 階方陣 M。例如，令

---

[1] 希爾 (Hill, 1891–1961) 是美國數學家及教育家，特別對數學應用到通訊有興趣。於 1911 年畢業自哥倫比亞學院 (Columbia College)，1926 年拿到耶魯大學 (Yale University) 的 Ph.D.。曾任教蒙他那大學 (U. of Montana)，普林斯頓大學 (Princeton U.)，緬因大學 (U. of Maine)，耶魯大學及亨特學院 (Hunter College)。最有名的貢獻就是希爾密碼。他也發展出偵測電報數碼之錯誤的方法並寫過兩本書。

$$M = \begin{pmatrix} 1 & 2 \\ 7 & 11 \end{pmatrix}$$

信息可寫成一長度為 n 的列向量序列。如信息為 we，先轉換成列向量 $(22, 4)$。怎麼加密呢? 只要在列向量 $(22, 4)$ 的右邊乘上方陣 M 並在模 26 之下縮簡即可，如下:

$$(22, 4)M = (22, 4)\begin{pmatrix} 1 & 2 \\ 7 & 11 \end{pmatrix} \equiv (24, 10) \pmod{26}$$

所以得到密文就是 YK。

　　為了解密，我們需要 M 的行列式值與 26 互質。在上例中，$\det(M) = 23$; 所以 M 的逆方陣就是

$$\frac{1}{23}\begin{pmatrix} 11 & -2 \\ -7 & 1 \end{pmatrix}$$

因為在模 26 之下 $-9 \equiv 17$ 是 $-3 \equiv 23$ 的乘法反元素，所以將 $\frac{1}{23}$ 用 -9 來取代，乘開並在模 26 之下縮簡得

$$M' = M^{-1} = \begin{pmatrix} 5 & 18 \\ 11 & 17 \end{pmatrix}$$

解密時，可在密文的右邊乘上 M 的逆方陣，也就是它的乘法反元素 $M' = M^{-1}$，並在模 26 之下縮簡即可，如下:

$$(24, 10)M' = (24, 10)\begin{pmatrix} 5 & 18 \\ 11 & 17 \end{pmatrix} \equiv (22, 4) \pmod{26}$$

一般而言，將明文分割成含 n 個字的區塊並用

$$a = 0,\ b = 1,\ \cdots,\ z = 25$$

轉換成長度為 n 的列向量。如上例的方陣 M，假設我們的明文是貝多芬

```
beethoven
```

若信息長度不是 $n = 2$ 的倍數，可在此信息尾巴附加一個 x 使得長度變成 $n = 2$ 的倍數。所以區塊變成列向量，而整個信息或附加信息則變成一個 $k \times n$ 的矩陣 m。加密時，在明文矩陣 m 右方乘加密矩陣 M，可得密文矩陣 c 如下：

$$mM = \begin{pmatrix} 1 & 4 \\ 4 & 19 \\ 7 & 14 \\ 21 & 4 \\ 13 & 23 \end{pmatrix} \begin{pmatrix} 1 & 2 \\ 7 & 11 \end{pmatrix} \equiv \begin{pmatrix} 3 & 20 \\ 7 & 9 \\ 1 & 12 \\ 23 & 8 \\ 18 & 19 \end{pmatrix} = c \quad (\bmod\ 26)$$

最後，將每一列向量轉換回到字母區塊，再將區塊合併之可得密文

```
DUHJBMXIST
```

解密時，先逆向轉換成密文矩陣 c，然後在 c 右邊乘以 $M' = M^{-1}$ $(\bmod\ 26)$，如此得回明文矩陣 m，最後再轉換為原信息。

$$cM' = \begin{pmatrix} 3 & 20 \\ 7 & 9 \\ 1 & 12 \\ 23 & 8 \\ 18 & 19 \end{pmatrix} \begin{pmatrix} 5 & 18 \\ 11 & 17 \end{pmatrix} \equiv \begin{pmatrix} 1 & 4 \\ 4 & 19 \\ 7 & 14 \\ 21 & 4 \\ 13 & 23 \end{pmatrix} = m \quad (\text{mod } 26)$$

很顯然的，變更明文中的一個字母，通常會導致密文中 n 個字母的改變。例如，若將 block = (1, 11, 14, …) 改成 clock = (2, 11, 14, …)，則密文中前二個字母由 AT 變為 BV。

$$\text{bl} = (1, 11) \mapsto (1, 11)\begin{pmatrix} 1 & 2 \\ 7 & 11 \end{pmatrix} \equiv (0, 19) = \text{AT}$$

$$\text{cl} = (2, 11) \mapsto (2, 11)\begin{pmatrix} 1 & 2 \\ 7 & 11 \end{pmatrix} \equiv (1, 21) = \text{BV}$$

這使得頻率分析的效率降低許多。雖然如此，對小的 n 值而言，用頻率分析來破解並非不可能。二字串及三字串已經有人計算而且統計出來其出現之頻率。三字串以上則因其可能數目變得太大了，且若沒有提供大量的密文，各種字串的數目會低到很難從其中獲取有意義的資訊。如此一來，頻率分析更是英雄無用武之地。

另外值得一提的是，在希爾發明此等密碼的年代，當方陣階數增加時，用手來計算就會艱辛萬分甚至行不通。所以後來希爾跟他的夥伴想到將此等繁雜計算付諸機械化，他們的設計拿到了美國專利權第 1,845,947 號；藉著齒輪與鍊子，來執行 6 階方陣的計算。下圖左就是他們申請專利書中的第四個設計圖案。

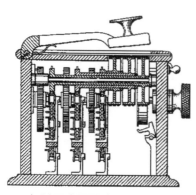

▲ 希爾密碼器專利設計圖四

▲ 維爾南

5.2 伺機攻擊希爾碼

下面我們一起來思考那四種攻擊法如何進行。

1. 密文攻擊法: 用密文攻擊法要破解希爾密碼是困難的, 但希爾密碼卻俯首稱臣於其他幾個攻擊法之下。

2. 已知明文攻擊法: 如果我們不知道 n, 那麼就試幾個不同的 n 值, 直等到找到正確的為止。所以假設 n 為已知。如果我們有 n 個長度為 n 的明文區塊, 則我們可使用明文及其對應的密文得到一個關於 M (或是它的乘法反元素, 這可能還更有用) 的矩陣方程式。例如, 假設我們已經知道 $n=2$ 而且我們有明文 howareyoutoday =

$$7\ 14\ \ 22\ 0\ \ 17\ 4\ \ 24\ 14\ \ 20\ 19\ \ 14\ 3\ \ 0\ 24$$

其對應的密文為 ZWSENIUSPLJVEU =

$$25\ 22\ \ 18\ 4\ \ 13\ 8\ \ 20\ 18\ \ 15\ 11\ \ 9\ 21\ \ 4\ 20$$

前兩個區塊得到矩陣方程式

$$\begin{pmatrix} 7 & 14 \\ 22 & 0 \end{pmatrix}\begin{pmatrix} a & b \\ c & d \end{pmatrix} \equiv \begin{pmatrix} 25 & 22 \\ 18 & 4 \end{pmatrix} \pmod{26}$$

可惜矩陣 $\begin{pmatrix} 7 & 14 \\ 22 & 0 \end{pmatrix}$ 的行列式值為 -308，此數在模 26 下不可逆

（雖然這個矩陣可用來大大的縮減可能的加密矩陣之數目）。因此我們將方程式最後一列取代為，譬如說，第五區塊，而得到

$$\begin{pmatrix} 7 & 14 \\ 20 & 19 \end{pmatrix}\begin{pmatrix} a & b \\ c & d \end{pmatrix} \equiv \begin{pmatrix} 25 & 22 \\ 15 & 11 \end{pmatrix} \pmod{26}$$

這一次，矩陣 $\begin{pmatrix} 7 & 14 \\ 20 & 19 \end{pmatrix} \equiv \begin{pmatrix} 7 & -12 \\ -6 & -7 \end{pmatrix} \pmod{26}$ 在模 26 之下是

可逆的：（$\because \det = -121 \equiv 9 \pmod{26}$）

$$\begin{pmatrix} 7 & 14 \\ 20 & 19 \end{pmatrix}^{-1} \equiv \frac{1}{9}\begin{pmatrix} -7 & 12 \\ 6 & 7 \end{pmatrix} \equiv 3\begin{pmatrix} -7 & 12 \\ 6 & 7 \end{pmatrix}$$

$$\equiv \begin{pmatrix} -21 & 36 \\ 18 & 21 \end{pmatrix} \equiv \begin{pmatrix} 5 & 10 \\ 18 & 21 \end{pmatrix} \pmod{26}$$

我們得到

$$M \equiv \begin{pmatrix} 5 & 10 \\ 18 & 21 \end{pmatrix}\begin{pmatrix} 25 & 22 \\ 15 & 11 \end{pmatrix} \equiv \begin{pmatrix} 15 & 12 \\ 11 & 3 \end{pmatrix} \pmod{26}$$

因希爾密碼難於防守此種攻擊，也就不能看成是非常強的密碼。

3. 選擇明文攻擊法：選擇明文攻擊法可採取相同的策略來進行，不過會快一些。再一次地，如果你不知道 n，試幾個不同的 n 值，直到行得通為止。所以假設 n 為已知。選擇明文的第一區塊為 baaa $\cdots$ = 1000 $\cdots$，第二區塊為 abaa $\cdots$ = 0100 $\cdots$，如此繼續至第 n 區塊為 $\cdots$ aaab = $\cdots$ 0001。密文區塊就是加密矩陣 M 的列向量。

4. 選擇密文攻擊法：至於選擇密文攻擊法，則採用跟選擇明文攻擊完全一樣的策略來進行，但明、密文角色對調。如此得到的明文區塊將會是加密矩陣 M 之反元素（即解密矩陣）的列向量。

5.3 模 n 之下逆方陣

根據模 n 之下的除法原理，我們知道求模 n 之下的逆方陣可用一般求逆方陣的方法來完成；所以只要行列式值可逆，方陣就可逆。

基本事實

在模 n 之下，方陣 M 可逆的充分必要條件為方陣 M 之行列式值與 n 互質；亦即，

$$M^{-1} \exists \Leftrightarrow \gcd(\det(M), n) = 1$$

在此我們僅處理小方陣（2 或 3 階），此乃因為在我們所要介紹的密碼學當中這已綽綽有餘。在這種情況之下，求模 n 之下的逆方陣最簡單的方式就是使用分數，然後再轉換回去模 n 之中的數。眾所周知，一個布於整數的方陣其逆方陣可寫成另一布於整數的方陣除以其行列式值。因為我們假設其行列式值與 n 互質，所以可求出此行列式值的乘法反元素。例如在 2×2 的情況中，一般的公式為

$$\begin{pmatrix} a & b \\ c & d \end{pmatrix}^{-1} = \frac{1}{ad - bc} \begin{pmatrix} d & -b \\ -c & a \end{pmatrix}$$

所以我們需要求出 $ad-bc$ 在模 n 之下的倒數（乘法反元素）。

● 例題 5.1

試求 $\begin{pmatrix} 1 & 2 \\ 3 & 4 \end{pmatrix}$ (mod 11) 的逆方陣。

● 解　因為 $ad-bc=-2$ 在模 11 之下的乘法反元素為 5，所以我們可

將 $-\dfrac{1}{2}$ 用 5 來代換得到

$$\begin{pmatrix} 1 & 2 \\ 3 & 4 \end{pmatrix}^{-1} \equiv -\frac{1}{2} \begin{pmatrix} 4 & -2 \\ -3 & 1 \end{pmatrix} \equiv 5 \begin{pmatrix} 4 & -2 \\ -3 & 1 \end{pmatrix}$$

$$\equiv \begin{pmatrix} 20 & -10 \\ -15 & 5 \end{pmatrix} \equiv \begin{pmatrix} 9 & 1 \\ 7 & 5 \end{pmatrix} \quad (\text{mod } 11)$$

驗算如下，得知無誤：

$$\begin{pmatrix} 1 & 2 \\ 3 & 4 \end{pmatrix}\begin{pmatrix} 9 & 1 \\ 7 & 5 \end{pmatrix} \equiv \begin{pmatrix} 23 & 11 \\ 55 & 23 \end{pmatrix} \equiv \begin{pmatrix} 1 & 0 \\ 0 & 1 \end{pmatrix} \quad (\text{mod } 11)$$

$$\begin{pmatrix} 9 & 1 \\ 7 & 5 \end{pmatrix}\begin{pmatrix} 1 & 2 \\ 3 & 4 \end{pmatrix} \equiv \begin{pmatrix} 12 & 22 \\ 22 & 34 \end{pmatrix} \equiv \begin{pmatrix} 1 & 0 \\ 0 & 1 \end{pmatrix} \quad (\text{mod } 11)$$

● 例題 5.2

試求 $M = \begin{pmatrix} 1 & 1 & 1 \\ 1 & 2 & 3 \\ 1 & 4 & 9 \end{pmatrix}$ (mod 11) 的逆方陣。

● 解　因為 $\det(M) = 18+3+4-2-12-9 = 2$ 在模 11 之下的乘法反元

素為 6，所以我們可將 $\dfrac{1}{2}$ 用 6 來取代得到

$$M^{-1} \equiv \frac{1}{2} \begin{pmatrix} 6 & -5 & 1 \\ -6 & 8 & -2 \\ 2 & -3 & 1 \end{pmatrix} \equiv 6 \begin{pmatrix} 6 & -5 & 1 \\ -6 & 8 & -2 \\ 2 & -3 & 1 \end{pmatrix}$$

$$\equiv \begin{pmatrix} 36 & -30 & 6 \\ -36 & 48 & -12 \\ 12 & -18 & 6 \end{pmatrix} \equiv \begin{pmatrix} 3 & 3 & 6 \\ 8 & 4 & 10 \\ 1 & 4 & 6 \end{pmatrix} \pmod{11}$$

【為何我們需要行列式值與 n 互質呢?】

假設 $MN \equiv I \pmod{n}$，此處 I 為單位方陣。則

$$\det(M)\det(N) \equiv \det(MN) \equiv \det(I) = 1 \pmod{n}$$

因此行列式值 $\det(M)$ 在模 n 中有乘法反元素；也就是說，行列式值 $\det(M)$ 必須與 n 互質。

5.4 單次鑰匙簿密碼

單次鑰匙簿密碼 (One-Time Pads) 這個無法破解的密碼系統在 1919 年由吉爾伯特・桑福德・維爾南 (Gilbert Sandford Vernam) 取得美專利權第 1,310,719 號 [54]。將明文信息透過二進制或 ASCII 表示成由 0 與 1 所成的序列。但信息也有可能是一個數位化影像或是一個聲音訊號。

鑰匙是一由 0 與 1 所構成的隨機序列，其長度與明文信息相等，用過隨即丟棄且絕對不再使用。加密運算就是將鑰匙加到信息上，一個位元接著一個位元的在模 2 之下進行。此過程通常稱之為 XOR。換句話說，我們所使用的規則如下：$0+0=0$, $0+1=1+0=1$, $1+1=0$。例如明文信息是 0010010101 而鑰匙為 1001001010，則得到密文如下：

　　　　　（明文）0 0 1 0 0 1 0 1 0 1
　　　　　（鑰匙）1 0 0 1 0 0 1 0 1 0
　　　　　（密文）1 0 1 1 0 1 1 1 1 1

解密動作與加密完全一樣，用同一個鑰匙加到密文即可，如下：

　　　　　（密文）1 0 1 1 0 1 1 1 1 1
　　　　　（鑰匙）1 0 0 1 0 0 1 0 1 0
　　　　　（明文）0 0 1 0 0 1 0 1 0 1

　　當然明文及鑰匙也可回到原先的字母所構成的序列。此時的單次鑰匙簿密碼其實就是一種維吉內爾密碼，其鑰匙長度與明文信息相等。不同的是此鑰匙的選擇是完全隨機的，因而密文也保有此隨機性，如此才能成就其無法破解的特性。

　　對密文攻擊法而言，這個加密的方法是完全無法破解的。例如若密文為 LPRASQOBDQRCZXKE，則明文可能是 iloveyouverymuch，也有可能是 wonderfulweekend；只要是相同長度的信息都有相同的可能性是明文。因此，除了長度外，從密文看不出任何明文的蛛絲馬跡。這在解藍恩 (Shannon) 的 Entropy 理論中可以講得更明確。

　　如果我們有明文中的片段，那麼就可以找出此片段中所對應的鑰匙，但對其他片段的鑰匙卻毫無用處可言。在大多數的情況中，不管是選擇明文攻擊或是選擇密文攻擊都不太可能。即使可能也只透露出所知道的那個片段的鑰匙而已，這對破解信息毫無助益，除非此片段鑰匙又被再用一次。

　　那麼我們該如何使用這麼樣的一個系統呢？而且在何種情況之下使用呢？鑰匙當然可以事先產生，但問題是如何製造出真正隨機的 0 與 1 之序列呢？你可叫阿貓阿狗一起來丟銅板，並且邊哼著「丟丟銅」

的民謠，免得太無聊；然而這種方法在大部分的場合是太慢了，而且
不實用。我們也可請出蓋革計數器，並計算在一小週期內喀嚓了幾聲；
若是偶數就記成 0，若是奇數就記成 1。有一些其他實際可行的方法，
速度較快但隨機性就差一些；但不難看出，要快速產生一把好的鑰匙
是困難的。一旦鑰匙出爐，經由信得過的密使交給接收方。這樣一來，
有需要的時候，就可以傳送信息了。據報導，在冷戰 (Cold War) 期
間，華府五角大廈與克里姆林宮頭頭之間的「熱線 (Hot Line)」就是
採用單次鑰匙簿密碼系統來互通信息。

▲五角大廈 (Pentagon)

▲克里姆林宮 (Kremlin)

單次鑰匙簿密碼的缺點是它需要一很長的鑰匙，不僅製造昂貴而
且傳送也昂貴。一旦鑰匙用完了，若再使用於第二個信息，那就危險
萬分；因為任何由第一個信息所得到的知識，都會反映到第二個信息
當中。所以在大部分的情況裡，有好幾個方法只需少許的輸入即可用
來產生一合理的 0 與 1 之隨機序列，因而可看成是一近似的單次鑰匙
簿。如此一來，信差特使所攜帶的資訊量就比原先要送出去的信息少
了好多。下面我們描述一個速度快，但不怎麼安全的這一類的方法。

5.5　線性回饋暫存器

在涉及加密的許多場合中，有一介於速度與安全性之間的平衡交易。若你要求很高水準的安全等級，那就得犧牲速度，反之亦然。例如在有線電視方面，許多的資訊要傳達，所以速度是重要的；至於安全等級就沒那麼重要，因為不值得投下昂貴的設備來攻擊此一系統。

在這裡我們描述一個速度比安全等級重要的方法。下面的序列 s

0100001001011001111100011011101010000100101100111111

可由其起始值 $k = \{0, 1, 0, 0, 0\}$

$$x_1 = 0, \ x_2 = 1, \ x_3 = 0, \ x_4 = 0, \ x_5 = 0$$

及下面的線性遞迴關係式得到：

$$x_{n+5} = x_n + x_{n+2} \quad (\mathrm{mod}\ 2)$$

這個序列在第 31 項後開始重複。

更一般地，考慮一長度為 m 的線性遞迴關係

$$x_{n+m} \equiv c_0 x_n + c_1 x_{n+1} + c_2 x_{n+2} + \cdots + c_{m-1} x_{n+m-1} \quad (\mathrm{mod}\ 2)$$

此處係數 $c = \{c_0, c_1, \cdots, c_{m-1}\}$ 為 0 或 1。若我們指定起始值為

$$k = \{x_1, x_2, x_3, \cdots, x_m\}$$

所有接下去的 x_n 值可由遞迴關係式求出。這個序列就是所謂的線性回饋位移暫存器 LFSR (Linear Feedback Shift Register) 序列。如此所得到的由 0 與 1 組成的序列可用來當加密之用的鑰匙。將明文寫成由 0 與 1 組成的序列，然後在模 2 之下把鑰匙中適當的位元，一個位元接

著一個位元地加在明文上。例如明文信息是 1011001110001111 而鑰匙序列為上面的序列，我們有

（明文） 1 0 1 1 0 0 1 1 1 0 0 0 1 1 1 1
（鑰匙） 0 1 0 0 0 0 1 0 0 1 0 1 1 0 0 1
（密文） 1 1 1 1 0 0 0 1 1 1 0 1 0 1 1 0

解密則與加密完全一樣，將鑰匙序列加在密文上即可完成。

此法的一個優點是大的鑰匙週期僅需用到很少的資訊。長週期對維吉內爾密碼是一項改良，因為短週期一下子就會被找到鑰匙。在上例，指定起始向量 {0, 1, 0, 0, 0} 及係數 {1, 0, 1, 0, 0} 得到一週期為 31 的序列。所以 10 個位元可用來製造 31 個位元的序列。同樣地，可證明遞迴關係式

$$x_{n+31} = x_n + x_{n+3}$$

及任何非零起始向量產生一序列，其週期為 $2^{31} - 1 = 2147483647$。因此 62 個位元可用來製造超過 20 億位元的鑰匙。這是凌駕於單次鑰匙簿的一大優點，因為單次鑰匙簿必須事先傳送 20 億位元的鑰匙。

這個方法在硬體方面非常容易設計，就是所謂的線性回饋位移暫存器 (Linear Feedback Shift Register)，簡稱為 LFSR，而且速度非常快。這也是為什麼我們將此等序列稱之為 LFSR 序列的緣由。考慮下圖：

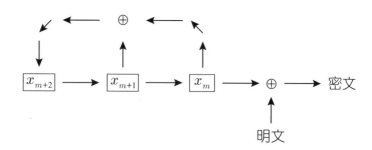

　　對一暫存器的下一階段，在每個框框中的位元按箭頭的方向移動至另一框框中，如圖示。其中 $\oplus$ 表示模 2 之下的加法，圖中指的是 $x_m + x_{m+1}$。輸出之位元 x_m 與下一個明文的位元相加產生密文。上圖代表遞迴關係式 $x_{n+3} = x_n + x_{n+1}$，一旦給定起始值 $\{x_1, x_2, x_3\}$，此機器就非常有效率的產生接下去的位元。

　　不妙的是，上述的加密法很容易就會被已知明文攻擊法破解。更明確的說，若我們只知道幾個連續的明文及其對應的密文，則我們可用此來決定其遞迴關係式，因而算出此鑰匙接下去的位元。

　　將明文從密文中減掉（或加上，在模 2 之下是一樣的），即得鑰匙之位元。因此在下面的討論，我們不管密文及明文是什麼，僅專注在鑰匙並且假設鑰匙序列的片段已被發現。

●例題 5.3
已知週期為 15 之序列

$$t = 011010111100010011010101111 \cdots$$

其起始片段為 011010111100 且已知是從一個線性遞迴關係式所產生的。如何決定此遞迴關係式的係數？我們不見得知道其長度，所以就從長度 2 開始（長度 1 為常數序列）。假設遞迴關係式為

$$x_{n+2} = c_0 x_n + c_1 x_{n+1}$$

令 $n = 1, 2$，用已知數值 $x_1 = 0$, $x_2 = 1$, $x_3 = 1$, $x_4 = 0$ 得一方程組並寫成矩陣的形式如下：

$$\begin{pmatrix} 0 & 1 \\ 1 & 1 \end{pmatrix} \begin{pmatrix} c_0 \\ c_1 \end{pmatrix} = \begin{pmatrix} 1 \\ 0 \end{pmatrix}$$

解之得 $c_0 = 1$ 與 $c_1 = 1$，所以猜測遞迴關係式為

$$x_{n+2} = x_n + x_{n+1}$$

很遺憾的是，這個猜測是不正確的，由於 $x_6 \neq x_4 + x_5$，因此我們就試長度等於 3，得到矩陣方程式

$$\begin{pmatrix} 0 & 1 & 1 \\ 1 & 1 & 0 \\ 1 & 0 & 1 \end{pmatrix} \begin{pmatrix} c_0 \\ c_1 \\ c_2 \end{pmatrix} = \begin{pmatrix} 0 \\ 1 \\ 0 \end{pmatrix}$$

這個係數矩陣的行列式值為 0 (mod 2)；實際上，此方程式無解。這也可透過觀察就可看出其無解的性質，因為左邊矩陣各行元素和為 0 但右邊向量則否。現在考慮長度等於 4，得到矩陣方程式

$$\begin{pmatrix} 0 & 1 & 1 & 0 \\ 1 & 1 & 0 & 1 \\ 1 & 0 & 1 & 0 \\ 0 & 1 & 0 & 1 \end{pmatrix} \begin{pmatrix} c_0 \\ c_1 \\ c_2 \\ c_3 \end{pmatrix} = \begin{pmatrix} 1 \\ 0 \\ 1 \\ 1 \end{pmatrix}$$

解之得到 $c_0 = 1$, $c_1 = 1$, $c_2 = 0$, $c_3 = 0$。所以我們猜測可能的遞迴關係式為 $x_{n+4} = x_n + x_{n+1}$；又此遞迴關係式生成已知鑰匙片段的其餘元素，因而這是從現有資訊所得到之遞迴關係式的最佳猜測。實際上，很快的算一下，可以確知這的確就是了。所以我們已經找到所要的遞迴關係式。

在一般的情況如下，若要求出一個長度為 m 的遞迴關係式，我們得先知道前 $2m$ 項 $x_1, x_2, x_3, \cdots, x_{2m}$。如上得到矩陣方程式

$$\begin{pmatrix} x_1 & x_2 & \cdots & x_m \\ x_2 & x_3 & \cdots & x_{m+1} \\ \vdots & \vdots & \ddots & \vdots \\ x_m & x_{m+1} & \cdots & x_{2m-1} \end{pmatrix} \begin{pmatrix} c_0 \\ c_1 \\ \vdots \\ c_{m-1} \end{pmatrix} = \begin{pmatrix} x_{m+1} \\ x_{m+2} \\ \vdots \\ x_{2m} \end{pmatrix}$$

下面我們會證明這個係數矩陣在模 2 之下是可逆的充分而且必要條件為 $x_1, x_2, x_3, \cdots, x_{2m-1}$ 不滿足長度小於 m 的任何線性遞迴關係式。這意味著其線性遞迴關係式的長度至少是 m。

因此尋找線性遞迴關係式係數的一個策略清清楚楚的展現在你我眼前。假設我們知道鑰匙序列的前面 100 位元。對 $m = 2, 3, 4, \cdots$ 形成一 $m \times m$ 的矩陣如上並計算其行列式值。若連續有好幾個 m 值，其對應之矩陣的行列式值為 0，那就停止。最後一個具有非零行列式值的 m，有可能就是遞迴關係式的長度。解此矩陣方程式得到係數 c_0, $c_1, \cdots, c_{m-1}$，然後再檢查有這個線性遞迴關係式所生成的序列是否與原鑰匙序列中已知的那些位元吻合。若否，則試大一些的 m 值。

假設我們不知道鑰匙序列起始的 100 位元，但卻知道在某處連續的 100 個位元。利用這些位元為起始點，執行上述的步驟。實際上，一旦我們找到遞迴關係式，我們也可逆向追溯起始點之前的位元。

◉例題 5.4

假設我們有 100 位元的 LFSR 序列 u 如下：

　　　　1001100100111000110001010001111101
　　　　1001111101010100101101101011100001
　　　　1011100101011110000000100010010000

從 $m = 1$ 開始，前 20 個行列式值為

$$\{1, 0, 1, 0, 0, 1, 0, 1, 0, 0, 0, 0, 0, 0, 0, 0, 0, 0, 0, 0\}$$

一個合理的猜測是 $m = 8$ 乃是具非零行列式值的最後一個。解矩陣方程式

$$\begin{pmatrix} 1 & 0 & 0 & 1 & 1 & 0 & 0 & 1 \\ 0 & 0 & 1 & 1 & 0 & 0 & 1 & 0 \\ 0 & 1 & 1 & 0 & 0 & 1 & 0 & 0 \\ 1 & 1 & 0 & 0 & 1 & 0 & 0 & 1 \\ 1 & 0 & 0 & 1 & 0 & 0 & 1 & 1 \\ 0 & 0 & 1 & 0 & 0 & 1 & 1 & 1 \\ 0 & 1 & 0 & 0 & 1 & 1 & 1 & 0 \\ 1 & 0 & 0 & 1 & 1 & 1 & 0 & 0 \end{pmatrix} \begin{pmatrix} c_0 \\ c_1 \\ c_2 \\ c_3 \\ c_4 \\ c_5 \\ c_6 \\ c_7 \end{pmatrix} = \begin{pmatrix} 0 \\ 0 \\ 1 \\ 1 \\ 1 \\ 0 \\ 0 \\ 0 \end{pmatrix}$$

解之得到

$$c_0 = 1, \ c_1 = 1, \ c_2 = 0, \ c_3 = 0, \ c_4 = 1, \ c_5 = 0, \ c_6 = 0, \ c_7 = 0$$

所以我們猜測其遞迴關係式為

$$x_{n+8} = x_n + x_{n+1} + x_{n+4}$$

這個遞迴關係式生成原序列所有的 100 項，所以至少根據我們現有的知識，這是正確的答案。

　　假設我們知道在某序列中間連續的 100 個位元，且我們想知道在這之前的位元。例如序列從 x_{17} 開始，所以 $x_{17} = 1$, $x_{18} = 0$, $x_{19} = 0$, $\cdots$。將遞迴關係式寫成

$$x_n = x_{n+1} + x_{n+4} + x_{n+8}$$

令 $n = 16$ 得到

$$x_{16} = x_{17} + x_{20} + x_{24} = 1 + 1 + 1 = 1$$

如此繼續下去，我們可依序決定 $x_{15}, x_{14}, \cdots, x_1$。

我們現在證明上面所承諾要證明的結果。

定理

令矩陣 M 為

$$M = \begin{pmatrix} x_1 & x_2 & \cdots & x_m \\ x_2 & x_3 & \cdots & x_{m+1} \\ \vdots & \vdots & \ddots & \vdots \\ x_m & x_{m+1} & \cdots & x_{2m-1} \end{pmatrix}$$

若序列 $x_1, x_2, \cdots, x_{2m-1}$ 滿足一長度小於 m 的線性遞迴關係式，則

$$\det(M) = 0$$

反之，若序列 $x_1, x_2, \cdots, x_{2m-1}$ 滿足一長度等於 m 的線性遞迴關係式且 $\det(M) = 0$，則此序列也會滿足一長度小於 m 的線性遞迴關係式。

⊘注意　首先說明一下定理敘述中關於線性遞迴關係式長度的問題。
一個序列可能滿足一長度為 3 的遞迴關係式，如 $x_{n+3} = x_{n+2}$。
顯然地，此序列也滿足一長度更短的遞迴關係式，如 $x_{n+1} = x_n$
（至少對 $m \geq 2$）。然而有些序列可能會滿足一長度比所期待者小的遞迴關係式，如 $x_{n+4} = x_{n+3} + x_{n+1} + x_n$。假設起始值為 1, 1, 0, 1，則利用遞迴關係式可算出接下去的 12 項為

$$1, 0, 1, 1, 0, 1, 1, 0, 1, 1, 0, 1, \cdots$$

很容易就可看出，此序列滿足遞迴關係式 $x_{n+2} = x_n + x_{n+1}$。

定理證明 若有一長度小於 m 的線性遞迴關係式，則矩陣 M 中的一列是其他幾列的線性組合。如遞迴關係式為

$$x_{n+3} = x_n + x_{n+2}$$

則第四列為第一與第三列的和。故行列式值為 0 (mod 2)。反之，若行列式值為 0 (mod 2)，則存在一非零向量 $\vec{b} = (b_0, \cdots, b_{m-1})$ 使得 $\vec{b}M = \vec{0}$。這給了我們一遞迴關係式，但無法馬上看出此遞迴關係式可一路延伸到 x_{2m-1}。剩下的證明請參閱《密碼學之旅──與 MATHEMATICA 同行》[42] 第四章第六節。

最後，我們對序列的週期做一些評論。假設一遞迴關係式的長度為 m。任何此序列中連續的 m 項決定所有後面的元素，而且將遞迴關係式逆向書寫，則也可求出所有前面的值。顯然地，若我們連續有 m 個 0，則在它之前之後都是 0；因此我們不考慮此種情況。長度為 m 的不全為 0 的 0 與 1 所構成的數串總共有 $2^m - 1$ 個。所以，只要超過 $2^m - 1$ 項，某一個長度為 m 的數串必定會出現兩次，因而此序列會開始重複，其週期頂多是 $2^m - 1$。

伴隨著每一個遞迴關係式

$$x_{n+m} = c_0 x_n + c_1 x_{n+1} + c_2 x_{n+2} + \cdots + c_{m-1} x_{n+m-1}$$

我們可定義一多項式為

$$f(T) = T^m - c_{m-1} T^{m-1} - \cdots - c_0$$

若 $f(T)$ 在模 2 之下是不可分解的，則可證明其週期整除 $2^m - 1$。一個有趣的情形是當 $2^m - 1$ 為質數（亦即梅森質數）的時候，如果週期不

是 1（亦即不是常數序列）時，則其週期一定就是極大值 $2^m - 1$。上面的例子週期為 $2^{31} - 1$ 就是此種類型。

　　線性回饋位移暫存器序列已廣泛地被研究過。例如，可參考所羅門・郭倫 (Solomon W. Golomb) 的《位移暫存器序列》[18] (*Shift Register Sequences*) 或珍・凡德路比 (Jan C. A. van der Lubbe) 的《密碼術的基本方法》(*Basic Methods of Cryptography*) [53]。

　　阻撓上述攻擊的一個方法是採用非線性遞迴關係式，如

$$x_{n+3} = x_{n+2}x_n + x_{n+1} \pmod{2}$$

一般而言，要破解這樣子的非線性系統是會稍稍困難一些。不過，我們不會在此討論就是了。

第六講

代換簡單莫小看—階乘速增了不得

代換密碼 (Substitution Ciphers) 是更大眾化的密碼系統之一。常見於週末報紙的謎題專欄。其原理甚簡單：將每一個字母用另一個（可能會同一個）字母來取代，但不重複。更明確的說，選取 26 個英文字母的一個排列然後施之於明文即得密文。字與字中間的空白在謎題專欄中通常被保留，這對解謎題者當然是一大助益；因為字的結構是猜測的一大提示。所以，為了增加安全性，將這些空白省略會比較好。

6.1 無所不在代換碼

位移密碼與仿射密碼都是代換密碼的簡單例子。維吉內爾密碼與希爾密碼則不是，因為他們是將一個區塊的字母排列成另一個區塊的字母而非一次一個字母。眾所周知，代換密碼可由頻率分析來破解。然其過程遠比我們所想像的還複雜許多。從下面的例子即可窺見一二。

湯瑪斯・傑弗遜❶(Thomas Jefferson) 有一潛在性叛逆的信息要傳遞給班傑明・富蘭克林❷(Benjamin Franklin)。很明顯地，他不希望英

❶ 傑弗遜 (Jefferson, 1743–1826)，美國政治家。1801 年被選為第三任總統，1804 年連任。曾起草獨立宣言，主張民權自由，尊重各州自治，禁止奴隸買賣。總統卸任後，致力於教育工作，並創立維吉尼亞大學。

❷ 富蘭克林 (Franklin, 1706–1790)，美國科學家、發明家、政治家、出版家、哲學家、音樂家及經濟學家。他設立了北美第一個公共圖書館，創辦賓夕凡尼亞大學。五十歲以後，致力於獨立活動，在獨立戰爭中，曾當選為第二屆大陸會議代表，參與起草獨立宣言。

國人截取此信息並知悉其內容，所以他就用代換密碼器將此信息加密。還好，富蘭克林知道所用的排列，所以他僅需逆向推導回去即可得到原信息（當然，班傑明是相當聰明的，所以可能他不用事先知道鑰匙就已經將信息解密了）。

▲湯瑪斯・傑弗遜　　　　　▲班傑明・富蘭克林

現在假設我們在 1776 年時任職於英格蘭的政府代碼與密碼學校，而且上級交辦下來破解此一截取到的信息。

```
LWNSO ZBNWV WBAYB NVBSQ WVWOH WDIZW RBBNP BPOOU
WRPAW XAWPB WZWMY POBNP BBNWJ PAWWR ZSLWZ QJBNW
IAXAW PBSAL IBNXW ABPIR YRPOI WRPQO WAIEN BVBNP
BPUSR EBNWV WPAWO IHWOI QWABJ PRZBN WFYAV YIBSH
NPFFI RWVVB NPBBS VWXYA WBNWV WAIEN BVESD WARUW
RBVPA WIRVB IBYBW ZPUSR EUWRZ WAIDI REBNW IATYV
BFSLW AVHAS UBNWX SRVWR BSHBN WESDW ARWZB NPBLN
WRWDW APRJH SAUSH ESDWA RUWRB QWXSU WVZWV BAYXB
IDWSH BNWVW WRZVI BIVBN WAIEN BSHBN WFWSF OWBSP
```

OBWAS ABSPQ SOIVN IBPRZ BSIRV BIBYB WRWLE SDWAR

UWRBO PJIRE IBVHS YRZPB ISRSR VYXNF AIRXI FOWVP

RZSAE PRIKI REIBV FSLWA VIRVY XNHSA UPVBS VWWUU

SVBOI CWOJB SWHHW XBBNW IAVPH WBJPR ZNPFF IRWVV

數算各字母出現的次數如下（總共 520 個字）：

W	B	R	S	I	V	A	P	N	O	⋯
76	64	39	36	36	35	34	32	30	16	⋯

英文字母的頻率在前面已經介紹過了，我們再一次把最常出現的九個
列在此：

▲ 英文字母最常出現的前九個

e	t	a	o	i	n	s	h	r
.127	.091	.082	.075	.070	.067	.063	.061	.060

因為次高頻率的 B 與第三高頻率的 R 差距挺大的，這提供了一個合乎
我們理性的信心，據此來猜測 W, B 有可能就是 e, t。但其他的字母又
如何呢？接下來頻率差距不大的七個 R, S, I, V, A, P, N 除了一個或兩
個外，在某種程度上我們會猜測可能就是明文字母 a, o, i, n, s, h, r。但
要判斷那一個對應那一個，就有些困難了。所以一個陽春的單一字母
頻率數算，不足以成就大事。因此我們必須作二字串的頻率分析。

我們從密文中最常出現的前九個字母，數算所組合而成之二字串
出現的次數，列表如下：

	W	B	R	S	I	V	A	P	N
W	3	4	12	2	4	10	14	3	1
B	4	4	0	11	5	5	2	4	20

R	5	5	0	1	1	5	0	3	0
S	1	0	5	0	1	3	5	2	0
I	1	8	10	1	0	2	3	0	0
V	8	10	0	0	2	2	0	3	1
A	7	3	4	2	5	4	0	1	0
P	0	8	6	0	1	1	4	0	0
N	14	3	0	1	1	1	0	7	0

位於 W 列 N 行之項目 1 表示二字串 WN 在內文中出現 1 次。位於 N 列 A 行之項目 0 表示二字串 NA 在內文中出現 0 次。

　　二字串出現頻率的排序，在第四講也介紹過了，我們再一次地把最常出現的前 15 個列在此：

① th　　he　　in　　er　　an　　re　　ed　　on

① es　　st　　en　　at　　to　　nt　　ha

從這兩個表，我們馬上得到一個結論：BN 極有可能就是 th。若與上面的猜測 W, B 有可能就是 e, t 合起來考慮，我們有 W = e, B = t, N = h。

　　如果我們將上上表延伸至包括低頻率的字母，我們會看到 W 也和許多其他的字母接觸，此乃 e 的另一個特性。這幫助我們確認上述的猜測。另外，透過第二高票的 he 所對應之 NW 在此例中與 WA 並列亞軍的事實，一方面可確認 W = e, N = h，另一方面也可猜測 A 很有可能就是 r。到目前為止，我們也有

$$\{R, S, I, V, P\} = \{a, o, i, n, s\}$$

母音 a, o, i 傾向於彼此互相排斥。我們若看看 R 列，我們看到 R 並不

常出現在 S, I, A, N 之前。但瞄一下 R 行顯示出 R 頗常出現在 S, I, A 之後。所以，我們懷疑 R ∉ {a, o, i}。因為 V 在 W = e 之前的次數不少，但 {a, o, i} 在 e 之前的次數不多，甚至落在 30 名之外；所以我們也同樣懷疑 V ∉ {a, o, i}。繼續下去，我們看到最有可能的是

$$\{S, I, P\} = \{a, o, i\} \text{ 與 } \{R, V\} = \{n, s\}$$

字母 n 的特性是，大約有 80% 在 n 之前的字母為母音。看看前 30 名之內的二字串中 in, an, on, en 分別位居第 3, 5, 8, 11 名，即可感受一二。目前我們已經認出 W, S, I, P 是母音，所以滿足上述性質最有可能的字就屬 R 與 A 了，但上面提到過 A 很有可能是 r，如此一來 R 就是 n 的最佳候選人。因此之故，我們也附帶得到了 V = s，因為 {R, V} = {n, s}。

最後，{S, I, P} = {a, o, i} 當中如何分辨那一個是那一個呢? 先看 o，我們知道 to 遠比 ot 多得多。比較 BS, BI, BP 及 SB, IB, PB 出現的次數，不難看出 S = o。再看 i，我們知道 in 遠比 ni 多得多。比較 IR, PR 及 RI, RP 出現的次數，得知 I = i，因而 P = a。所以，經過合理猜測而決定的前 9 個字母分別如下:

$$W = e, B = t, R = n, S = o, I = i, V = s, A = r, P = a, N = h$$

這些字母在內文 520 個字當中佔有 382 個。

```
LehoOZ these trYths to QeseOHeDiZent that aOOUen
```

在這個時候，關於這個語言的知識、中間頻率的字母 (l, d, ⋯) 及有根據的猜測可用來填滿剩餘的字母。例如，在第一行的前面一小段中，一看即知 Y = u 是一好的猜測，因為真理 truth 出現在眼前。當

然，仍有許多猜測的工作以及各式各樣的假設需要測試，直到一切都沒問題才行。

到此為止，我們已將此方法的精神傳達清楚，所以就略過剩下的細節。解密之後的信息將空格恢復，如下所示：

We hold these truths to be self-evident, that all men are created equal, that they are endowed by their Creator with certain unalienable Rights, that among these are Life, Liberty, and the pursuit of Happiness.

That to secure these rights, Governments are instituted among Men, deriving their just powers from the consent of the governed.

That whenever any Form of Government becomes destructive of these ends, it is the Right of the People to alter or to abolish it, and to institute new Government, laying its foundation on such principles and organizing its powers in such form, as to seem most likely to effect their Safety and Happiness.

一看就知道，這是來自 1776 年 7 月 4 日發表的美國獨立宣言 [26] (United States Declaration of Independence) 內文中間的一段。

6.2 連續平方模次冪

請計算 $55^{1000000000000}$ (mod 1081)，也就是要把 55 自乘一兆次後再被 1081 除所得的餘數。如果我們先算出 55 的一兆次方，然後縮簡至模 1081 之下，那麼我們就得跟超級超級大的數打交道。當然你會想到費馬小定理或歐拉定理，所以你得先決定 1081 是否為質數；這不難，一下子你就將 1081 分解成 23×47 而且算出歐拉函數值

$$\phi(1081) = \phi(23)\phi(47) = 22 \times 46 = 1012$$

歐拉定理告訴我們說

$$a^{\phi(n)} \equiv 1 \pmod{n}, \; \forall a \text{ 滿足 } \gcd(a, n) = 1$$

所以我們將一兆除以 1012 得

$$1000000000000 = 988142292 \times 1012 + 496$$

因而問題化簡成（$\because 55^{1012} \equiv 1 \pmod{1081}$）

$$55^{1000000000000} = (55^{1012})^{988142292} \cdot 55^{496} \equiv 1 \cdot 55^{496} \equiv 55^{496} \pmod{1081}$$

將 55 自乘 496 次，這是一個很大的數。表面上你得執行 495 次的乘法，這當然挺花時間的。如果只是平方，速度就非常快。重複這個平方的動作，我們就得到 4 次方、8 次方、16 次方、32 次方、64 次方、128 次方、256 次方……，這提供了一個解決 55^{496} (mod 1081) 的計算問題。先將 496 寫成 2 的次冪之和如下：

$$496 = 256 + 240$$
$$= 256 + 128 + 112$$
$$= 256 + 128 + 64 + 48$$
$$= 256 + 128 + 64 + 32 + 16$$

再依次計算 55 的 2^i 次方如下：（這兒我們引進負數，為的是將每個數的大小調成比模數的一半還小；如此一來可以稍稍減少所要執行的計算量，特別是當你用手算的時候，這是一大幫助）

$$55^2 \equiv 3025 \equiv -218 \qquad (\bmod\ 1081)$$
$$55^4 \equiv (-218)^2 \equiv -40 \qquad (\bmod\ 1081)$$
$$55^8 \equiv (-40)^2 \equiv 519 \qquad (\bmod\ 1081)$$
$$55^{16} \equiv 519^2 \equiv 192 \qquad (\bmod\ 1081)$$
$$55^{32} \equiv 192^2 \equiv 110 \qquad (\bmod\ 1081)$$
$$55^{64} \equiv 110^2 \equiv 209 \qquad (\bmod\ 1081)$$
$$55^{128} \equiv 209^2 \equiv 441 \qquad (\bmod\ 1081)$$
$$55^{256} \equiv 441^2 \equiv -99 \qquad (\bmod\ 1081)$$

因此我們得到

$$55^{496} = 55^{256+128+64+32+16}$$
$$= 55^{256} \cdot 55^{128} \cdot 55^{64} \cdot 55^{32} \cdot 55^{16}$$
$$\equiv (-99) \cdot 441 \cdot 209 \cdot 110 \cdot 192 \equiv 676 \quad (\bmod\ 1081)$$

特別要注意的是，原來需要執行 495 次乘法的工作，現在只要 12 次就了結。這個演算法稱之為連續平方法，其觀念相當重要，值得推廣。現在將此演算法描述於下：

模次冪連續平方法

計算 $a^k \pmod{n}$ 的步驟如下：

1. 將 k 寫成 2 的次冪之和，

$$k = k_0 + k_1 \cdot 2 + k_2 \cdot 4 + k_3 \cdot 8 + \cdots + k_r \cdot 2^r$$

其中 k_i 不是 0 就是 1（此即 k 的二進制展開式）。

2. 製作模 n 之下 a 的連續平方次冪表

$$
\begin{aligned}
a^1 &\qquad\qquad\quad \equiv A_0 \pmod{n}\\
a^2 &= (a^1)^2 \equiv A_0^2 \equiv A_1 \pmod{n}\\
a^4 &= (a^2)^2 \equiv A_1^2 \equiv A_2 \pmod{n}\\
a^8 &= (a^4)^2 \equiv A_2^2 \equiv A_3 \pmod{n}\\
&\ \vdots \qquad\quad \vdots \qquad \vdots\\
a^{2^r} &= (a^{2^{r-1}})^2 \equiv A_{r-1}^2 \equiv A_r \pmod{n}
\end{aligned}
$$

3. 乘積

$$A_0^{k_0} \cdot A_1^{k_1} \cdot A_2^{k_2} \cdots A_r^{k_r} \pmod{n}$$

就是 $a^k \pmod{n}$。注意所有的 k_i 不是 0 就是 1，故此數實際上就是 k_i 等於 1 的那些 A_i 的乘積。

證明 為何行得通呢？且看

$$
\begin{aligned}
a^k &= a^{k_0 + k_1 \cdot 2 + k_2 \cdot 4 + k_3 \cdot 8 + \cdots + k_r \cdot 2^r}\\
&= a^{k_0} \cdot (a^2)^{k_1} \cdot (a^4)^{k_2} \cdots (a^{2^r})^{k_r}\\
&\equiv A_0^{k_0} \cdot A_1^{k_1} \cdot A_2^{k_2} \cdots A_r^{k_r} \pmod{n}
\end{aligned}
$$

當 a, k, n 都是 100 位數時這個方法非常有用。如果我們先算出 a^k，再模 n，那麼電腦的記憶體就有可能會溢位 (overflow)：想想 a^k 有多大呢？其位數超過 10^{100}，而此數又比宇宙中所有粒子的總數還要多。但計算 $a^k \pmod{n}$，依目前的演算法來估計不會超過 700 個步驟即可完成；而且在整個計算過程當中，絕對不會碰到一個超過 200 位的數。

6.3　反逆費馬小定理

費馬小定理說：若 p 為質數，則 $a^p \equiv a \pmod{p}$, $\forall a \in \mathbb{Z}$。將此敘述反逆敘述之，就變成：

　　若 $p \in \mathbb{N}$ 且 $\exists a \in \mathbb{Z}$ 使得 $a^p \not\equiv a \pmod{p}$，則 p 是合成數。

我們從兩個層面來看擺在面前的這個命題：

(i) 這提供我們一個直截了當、簡單爽快的方法來證明一個數是合成數。表面上看來，這似乎沒什麼了不起的。然而，你得想想，從前你是用最古老的方法，將一個數 x 除以所有比 $\sqrt{x}$ 小的質數；末了的時候，你不是得到 x 的一個分解式就是歸結到 x 是一個質數。對小的數如

$$11657, 11663 \text{ 及 } 11677$$

來講，這沒什麼大不了的；因其平方根 ≈ 108，所以只需除以 108 之前的 28 個質數，即得 $11663 = 107 \times 109$，還有 11657, 11677 都是質數。對大數如

$$m = 1137369476253104052311779730284437586296 4001$$
$$n = 1137369476253104052311779730284437586295 3603$$

而言，執行老方法的計算量可就相當驚人；因質數定理說：小於或等於 $\sqrt{m}$ 的質數差不多有 $\sqrt{m}/\ln\sqrt{m} \approx 2 \times 10^{20}$ 個。如果電腦每秒可以處理 10^{10} 個運算，那要除 2×10^{20} 個質數則要花將近 666 年的時間。當下用上述所提直截了當、簡單爽快的方法，在模 m 計算 2^m；不需要 666 年的時間，一瞬間即得

$$2^m \equiv 392419708153934990601200436926306159617900020$$

因而知道 m 是合成數。同樣地，我們計算 $2^n \pmod n$；一瞬間，這次得到的是

$$2^n \equiv 2 \pmod n$$

費馬小定理可曾告訴我們 n 是質數？答案是絕無此事，那是費馬小定理的逆敘述所說的，等下一節再來討論。

(ii) 從應用的層面來看：通常，$a = 2$ 是我們的首選；如果 $2^n \not\equiv 2 \pmod n$，則 n 不可能是質數。因為連續平方法計算 $2^n \pmod n$ 的速度奇快無比，這提供了我們一個尋找大質數的方法；即選取一起始點 n_0，並連續測試每一個大於 n_0 的奇數 n，看看是否 $2^n \equiv 2 \pmod n$？若 n 無法通過此測試，那麼就丟掉此數並進行下一個 n；若 n 通過此測試時，再使用更細膩的技巧來測試 n 的不可分解性。這個方法最大的優點就在整個演算過程的連續平方法遠比去分解每個 n 要快許多，尤其是能很快的將許多的 n 剔除。當然，還有配套辦法可用來加速整個尋找的過程，譬如說可先將包含有小質數因子的 n 剔除，然後再進行上述的方法。

6.4　逆敘述可否成事

接續上一節的 45 位數 n，此數雖滿足 $2^n \equiv 2 \pmod{n}$ 卻不足以讓我們推論得到 n 就是質數；因為這不是費馬小定理的方向，而是逆費馬小定理的方向。所以我們就試多一些的 a 值，直到 $a = 100$ 好了：

$$3^n \equiv 3 \pmod{n}, \ 4^n \equiv 4 \pmod{n}, \ 5^n \equiv 5 \pmod{n}, \cdots$$
$$\cdots, \ 99^n \equiv 99 \pmod{n}, \ 100^n \equiv 100 \pmod{n}$$

當下擺在你眼前可是有 99 個 a 滿足 $a^n \equiv a \pmod{n}$，你好意思拒絕相信 n 就是質數嗎？雖是如此美好，我們依舊無法用費馬小定理推論得到 n 就是質數；因為這不是費馬小定理的方向，而是逆費馬小定理的方向。因此，我們現在以謙卑的口氣建議說：n「可能」是質數；但這樣說似乎又有一點奇怪，怎麼叫作「可能」是質數？一個數要麼是質數，要麼是合成數；總不會在星期一、三、五是質數，而二、四、六、日是合成數。

假設我們把一個數 n 當成一個自然現象，且以實驗科學家的精神來研究探討 n。我們做的實驗就是選取不同的 a 值並算出模 n 之下 a^n 的值

$$a^n \pmod{n}$$

即使只有單一的一個實驗得到不同於輸入之 a 值，我們即可斬釘截鐵的說 n 是合成數。所以這足以讓我們合理的相信，每一次做完實驗所得到的確就是輸入之 a 值時，我們就已經蒐集到一些「證據」，說 n 是質數。

藉著觀察 n 次冪之後不同於 a 的那些 a 值，我們可以將這樣子的

論證放在一個更穩固的基石上。我們擬人化的說這 a 是 n（不是質數）的一個見證人如果 $a^n \neq a \pmod{n}$。這樣的稱呼對 a 來講是挺帥的，若是 n 想化身充當質數，那麼起訴律師就請 a 在證人席上作證說 n 實際上是合成數。

若 n 是質數，那麼很明顯的沒有見證人；這其實就是費馬小定理本身的內容。下面表列出 ≤ 20 的每一個 n 之所有見證人，看起來合成數真是不乏見證人。

n	n 之見證人	n	n 之見證人
3	無（質數）	4	2, 3
5	無（質數）	6	2, 5
7	無（質數）	8	2, 3, 4, 5, 6, 7
9	2, 3, 4, 5, 6, 7	10	2, 3, 4, 7, 8, 9
11	無（質數）	12	2, 3, 5, 6, 7, 8, 10, 11
13	無（質數）	14	2, 3, 4, 5, 6, 9, 10, 11, 12, 13
15	2, 3, 7, 8, 12, 13	16	2, 3, 4, 5, 6, 7, 8, 9, 10, 11, 12, 13, 14, 15
17	無（質數）	18	2, 3, 4, 5, 6, 7, 8, 11, 12, 13, 14, 15, 16, 17
19	無（質數）	20	2, 3, 4, 6, 7, 8, 9, 10, 11, 12, 13, 14, 15, 17, 18, 19

為了更進一步支持「看起來合成數真是不乏見證人」的觀點，我們隨機選幾個介於 100 與 1000 之間的數並數算介於 1 與 n 之間見證人的百分比。列表如下：

n	508	783	352	445	176	901
見證總人數	500	774	348	420	164	876
見證百分比	98.4%	98.9%	98.9%	94.4%	93.2%	97.2%
n	282	146	808	425	932	900
見證總人數	274	142	804	380	928	892
見證百分比	97.2%	97.3%	99.5%	89.4%	99.6%	99.1%

似乎是，只要 n 是合成數，那麼，多數的 a 值都是見證人。譬如說，當 $n = 508$ 時，隨機選一個 a 值，就有 98.4% 的機率是 $n =$ 合成數的見證人。因此，不需要太多實驗就可證明 n 是合成數。

　　所有這些跡象加上普通常識建議我們說，合成數有著許許多多的見證人。然而，此話當真？如果我們繼續製作上上個表格，將每個數的見證人一一列出；接著是 $n = 21$，終究會碰上 $n = 561$ 的傷心時刻。這位仁兄是合成數，因為 $561 = 3 \times 11 \times 17$；但很不幸的，這個數沒有半個見證人。當然你不妨算出所有 561 個 a 值所對應的 a^{561} (mod 561) 之值，有數學套裝軟體的幫忙，一轉眼即可完成。不過，還是讓陪伴在旁的費馬小定理發發威，我們可以做得更有水準、更有智慧一些。怎麼進行呢？且看下面的分析：欲證

$$a^{561} \equiv a \quad (\mathrm{mod}\, 561)$$

僅需證明

$$a^{561} \equiv a \quad (\mathrm{mod}\, 3),\ a^{561} \equiv a \quad (\mathrm{mod}\, 11)\ \text{及}\ a^{561} \equiv a \quad (\mathrm{mod}\, 17)$$

因為被 3，被 11，被 17 整除的數，一定可以被其乘積 $3 \times 11 \times 17$ 整除。首先第一個同餘式，我們注意到若 3 整除 a 則兩邊都是 0；否則藉著費馬小定理 $a^2 \equiv 1$ (mod 3) 來計算

$$a^{561} = a^{2 \cdot 280 + 1} = (a^2)^{280} \cdot a \equiv 1 \cdot a \equiv a \quad (\mathrm{mod}\, 3)$$

依樣畫葫蘆可驗證第二及第三個同餘式。所以當 11 整除 a 則兩邊都是 0；否則藉著費馬小定理 $a^{10} \equiv 1$ (mod 11) 來計算

$$a^{561} = a^{10 \cdot 56 + 1} = (a^{10})^{56} \cdot a \equiv 1 \cdot a \equiv a \quad (\mathrm{mod}\, 11)$$

最後，若 17 整除 a 則兩邊都是 0；否則藉著費馬小定理 $a^{16} \equiv 1$ (mod 17) 來計算

$$a^{561} = a^{16 \cdot 35 + 1} = (a^{16})^{35} \cdot a \equiv 1 \cdot a \equiv a \quad (\text{mod } 17)$$

因此 561 這個合成數沒有半個見證人。

這個例子連同其他的十四個，在 1910 年首先被卡麥克❸ (Carmichael) 注意到；因此後人就用他的名字來為這些數命名，同時也以此紀念他的貢獻。

▲ 羅伯特・丹尼・卡麥克

❸ 羅伯特・丹尼・卡麥克（Robert Daniel Carmichael，1879 年生於阿拉巴馬– 1967 年逝世），美國數學家；1923 年任職美國數學協會 (MAA) 總裁一年。 1898 年在 Lineville College 獲學士學位，1911 年在普林斯頓大學獲哲學博士。 其論文指導教授是公認為美國首位對微分方程有顯著貢獻的喬治・大衛・伯克霍夫 (G. David Birkhoff)。卡麥克 1911 至 1915 年任教於印第安那大學，1915 至 1947 年任教於伊利諾大學。

6.5 卡麥克數極稀少

滿足同餘式

$$a^n \equiv a \pmod{n}, \forall a \in \mathbb{Z}$$

的合成數 n 稱之為卡麥克數 (Carmichael numbers)。換句話說，卡麥克數乃是那些可以偽裝成質數的合成數，因為沒有半個見證人可以為她們合成數的身分作證。我們剛剛看過 561 是一個卡麥克數，而實際上這是最小的一個。

這種數極其稀少，在一萬之前只有七個，而三萬之前只有十個；前十個卡麥克數的分解式如下：

序	卡麥克數	分解式	序	卡麥克數	分解式
1	561	$3 \times 11 \times 17$	6	6601	$7 \times 23 \times 41$
2	1105	$5 \times 13 \times 17$	7	8911	$7 \times 19 \times 67$
3	1729	$7 \times 13 \times 19$	8	10585	$5 \times 29 \times 73$
4	2465	$5 \times 17 \times 29$	9	15841	$7 \times 31 \times 73$
5	2821	$7 \times 13 \times 31$	10	29341	$13 \times 37 \times 61$

聰明的你應該馬上會察覺到，擺在你眼前這十個卡麥克數都是三個相異奇質數的乘積。所以很有可能這會引導你進一步的猜測說：卡麥克數都是三個相異奇質數的乘積。

可惜這個猜測沒有好收場，因為

$$41041 = 7 \times 11 \times 13 \times 41$$

是一個包含有四個質因子最小的卡麥克數。這並不意味著我們應該捨棄上面這個猜測，而是必須做一些修改與更正。有沒有注意到我們的猜測實際上是三個猜測：其一卡麥克數剛剛好有三個質因子，其二質

因子兩兩相異，其三質因子是奇數。所以我們就割捨當中錯誤的部分並將其他的兩部分個別敘述如下：

1 每一個卡麥克數都是奇數。

1 每一個卡麥克數都是相異質數的乘積。

奇數的性質只需從卡麥克同餘式

$$a^n \equiv a \pmod{n}, \ \forall a \in \mathbb{Z}$$

套入 $a = n - 1 \equiv -1 \pmod{n}$，即得

$$(-1)^n \equiv -1 \pmod{n}$$

這意味著 n 必須是奇數或 $n = 2$（記否？在模 2 的世界裡，負的就是正的，因為 $1 + 1 = 0 \Rightarrow -1 = 1$），然而卡麥克數必須是合成數，剩下唯一的選項就是 n 必須是奇數。

接下來假設 n 是卡麥克數。令 p 是 n 的一個質因子且令

p^{k+1} 是整除 n 質數 p 的最高次冪。

現在的目標要證明 $k = 0$，而泉源依舊是卡麥克同餘式

$$a^n \equiv a \pmod{n}, \ \forall a \in \mathbb{Z}$$

這一次我們套入 $a = p^k$ 可得

$$(p^k)^n \equiv p^k \pmod{n} \Rightarrow n \mid (p^{kn} - p^k)$$

與上面的假設 p^{k+1} 整除 n 合體得到 p^{k+1} 整除 $p^{kn} - p^k$。因此

$$\frac{p^{kn}-p^{k}}{p^{k+1}} = \frac{p^{k(n-1)}-1}{p} \in \mathbb{N}$$

若 $k \neq 0$，則

$$n-1 \in \mathbb{N} \Rightarrow k(n-1) \in \mathbb{N} \Rightarrow \frac{p^{k(n-1)}-1}{p} \notin \mathbb{N}$$

與上面的式子矛盾，故得證 $k = 0$；這也同時完成了卡麥克數的兩個必要條件的證明。

很自然的你會問，這兩個必要條件也是充分條件嗎? 感覺上似乎還早呢，因為上面證明 561 是卡麥克數的經驗裡好像沒這兩個條件的影子。但 561 提供了我們尋找充分條件的主要線索，怎麼說呢? 在那兒，我們沒有正面挑戰卡麥克同餘式 $a^{n} \equiv a \pmod{n}$；因為 n 不是質數，沒有著力點。所以將 n 取代為其中的質因子 $p \mid n$，如此一來費馬小定理順理成章的變成我們的使力點，也是我們莫大的幫助，讓我們抵達最後的目標。且回憶一下當中的片段: 若 p 整除 a 則兩邊都是 0；否則藉著費馬小定理 $a^{p-1} \equiv 1 \pmod{p}$ 來計算

$$a^{n} = a^{(p-1)\cdot\frac{n-1}{p-1}+1} = (a^{p-1})^{\frac{n-1}{p-1}} \cdot a \equiv 1 \cdot a \equiv a \pmod{p}$$

成事的關鍵在

$$\frac{n-1}{p-1} \in \mathbb{N} \Leftrightarrow p-1 \mid n-1$$

因此這個關鍵性質可描述為

🔒 每一個卡麥克數 n 的質因子 p 都滿足 $p-1 \mid n-1$。

其實這個性質也是卡麥克數的一個必要條件。證明，還是回到源頭的同餘式；若 p 是 n 的一個質因子且 $p \nmid a$，則

$$a^n \equiv a \pmod{n} \Rightarrow a^n \equiv a \pmod{p} \Rightarrow a^{n-1} \equiv 1 \pmod{p}$$

接下來呢，取質數 p 的一個原根[4](primitive root) a 並利用原根的基本性質（請參考第十講最後一節），馬上得到 $p-1 | n-1$。

奇妙的是，上述的三個必要條件合體之後就萬事亨通；三合而為一，三個合起來的確變成卡麥克數的充分條件。更奇妙的是，這三個充要條件早在 1899 年柯謝爾特[5](Korselt) 就已提出；當時他連半個例子都沒看過，更不用說卡麥克發現的那些數了。

柯謝爾特判斷法 (Korselt's Criterion)

令 n 為合成數，則 n 是卡麥克數若且唯若 n 滿足下列三個條件：(a) n 是奇數，(b) n 是相異質數的乘積，(c) n 的質因子 p 滿足 $p-1 | n-1$。

證明　上面已經證明了這三個條件都是必要條件，現在證明若合成數 n 滿足這三個條件則 n 是卡麥克數。將 n 寫成質因數的乘積

$$n = p_1 p_2 \cdots p_r$$

條件(b)告訴我們，這些質數兩兩互異；條件(c)說每個 i 存在整數 k_i 使得 $n-1 = (p_i-1)k_i$。對任意的整數 a，證明 $a^n \equiv a \pmod{p_i}$ 如下：若 p_i 整除 a 則兩邊都是 0；否則藉著費馬小定理 $a^{p_i-1} \equiv 1 \pmod{p_i}$ 來計算

---

[4] 模 p 的原根就是其中的非零元素 g 使得每一個模 p 的非零元素都是 g 的一個次冪。

[5] 柯謝爾特 (Alwin Reinhold Korselt, 1864–1947)，德國數學家。

$$a^n = a^{(p_i-1)k_i+1} = \left(a^{p_i-1}\right)^{k_i} \cdot a \equiv 1 \cdot a \equiv a \pmod{p_i}$$

所以，對每一個 $i = 1, 2, \cdots, r$ 我們已經證明了

$$a^n \equiv a \pmod{p_i} \Rightarrow p_i \mid a^n - a$$

因此 $a^n - a$ 也可以被其乘積 $n = p_1 p_2 \cdots p_r$ 所整除（這裡我們用到了這些質數兩兩互異的條件），故得證 n 是卡麥克數：

$$a^n \equiv a \pmod{n}$$

最後我們舉兩個例子來看看柯謝爾特判斷法的威力，如下面表格列出的第 30 及第 44 個卡麥克數分別為 410041 與 1024651；首先，柯謝爾特判斷法告訴我們 $410041 = 41 \times 73 \times 137$ 是卡麥克數；因為

$$\frac{410041 - 1}{41 - 1} = 10251, \ \frac{410041 - 1}{73 - 1} = 5695, \ \frac{410041 - 1}{137 - 1} = 3015$$

其次，柯謝爾特判斷法告訴我們 $1024651 = 19 \times 199 \times 271$ 是卡麥克數；因為

$$\frac{1024651 - 1}{19 - 1} = 56925, \ \frac{1024651 - 1}{199 - 1} = 5175, \ \frac{1024651 - 1}{271 - 1} = 3795$$

如前面所提到過的，這種數極其稀少，下面分布表告訴我們：在一萬之前有 7 個，十萬之前有 16 個，百萬之前有 43 個，千萬之前有 105 個；一億之前有 255 個，十億之前有 646 個，百億之前有 1547 個，千億之前有 3605 個；一兆之前有 8241 個，十兆之前有 19279 個，百兆之前有 44706 個，千兆之前有 105212 個；⋯⋯。雖然如此，卡麥克本人在他 1910 年的論文 [8] 就猜測此種數有無限多個；過了 80 多

年之後的 1994 年，才被沃爾福特 (W. R. Alford) 等三人[6]證明是正確
的。

▲前四十四個卡麥克數

序	卡麥克數	序	卡麥克數	序	卡麥克數	序	卡麥克數
1	561	12	46657	23	252601	34	530881
2	1105	13	52633	24	278545	35	552721
3	1729	14	62745	25	294409	36	656601
4	2465	15	63973	26	314821	37	658801
5	2821	16	75361	27	334153	38	670033
6	6601	17	101101	28	340561	39	748657
7	8911	18	115921	29	399001	40	825265
8	10585	19	126217	30	410041	41	838201
9	15841	20	162401	31	449065	42	852265
10	29341	21	172081	32	488881	43	997633
11	41041	22	188461	33	512461	44	1024651

▲ $\leq 10^{21}$ 卡麥克數分布表（其中 $C(X)$ 乃 $\leq X$ 之卡麥克數個數）

n	$C(10^n)$	n	$C(10^n)$	n	$C(10^n)$	n	$C(10^n)$
2	0	7	105	12	8241	17	585355
3	1	8	255	13	19279	18	1401644
4	7	9	646	14	44706	19	3381806
5	16	10	1547	15	105212	20	8220777
6	43	11	3605	16	246683	21	20138200

---

[6] Alford, W. R./Granville, A./Pomerance, C.: "There are Infinitely Many Carmichael Numbers," *Annals of Math.* 140 (1994), 703–722.

網頁：dms.umontreal.ca/andrew/agpapers.html。

第七講

密碼文學掛上鉤─福爾摩斯跳舞人

密碼術在多處文學的舞臺上出現過她的芳蹤。這個舞臺當然不會是武俠小說，因為武俠小說中的人物都太厲害了，密碼術無用武之地。下面我們僅就歐美的小說作品，來追尋密碼的蹤影。

7.1　文學舞臺密碼蹤

在居勒・凡爾納[1](Jules Verne) 的《地心之旅》(*Voyage au centre de la Terre*, 1864)，這一趟偉大旅程就是一張滿是古冰島文字的羊皮紙被破解之後引發出來的結果。

在英國，最有名的偵探小說家亞瑟・柯南道爾 (Sir Arthur Conan Doyle) 所寫的《福爾摩斯探案全集》，其中《歸來記》裡頭的《跳舞的人》就是一篇以密碼為主題的短篇小說。

在大西洋彼岸，美國大文豪艾德格・愛倫坡 (Edgar Allan Poe) 也對密碼分析學產生興趣。他寫了一篇與密碼有關的短篇小說《金甲蟲》(*The Gold Bug*)。這篇小說廣受密碼專家的禮讚，稱之為最佳密碼創作文學。另外還有威廉・契可瑞 (William Thackeray) 的《亨利・艾斯曼的歷史》(*The History of Henry Esmond*) 及阿嘎他・克里斯堤 (Agatha Christie) 的《四嫌疑犯》(*The Four Suspects*) 也值得大家一看。

---

[1]凡爾納 (Verne, 1828-1905)，法國十九世紀後半葉的著名小說家，寫過許多科幻小說，如從《地球到月球》、《海底兩萬里》、《神祕島》以及《環遊世界八十天》等。

現在我們扼要地來看一下福爾摩斯在《跳舞的人》中破解一密碼系統所展現的智慧與才華。此處僅提及與密碼術有關的情節，欲知詳情，請上網 [13] 閱讀其全文❷，約有 20 頁，花兩個小時即可欣賞完畢。也可觀賞由 Simon & Schuster 公司所拍成的影片，片長在一個小時之內 [46]，請大家上 YouTube❸自行觀賞享受一番。

7.2　栩栩如生跳舞人

一年前才與艾爾西‧帕翠克 (Elsie Patrick) 結婚的希爾頓‧丘比特 (Hilton Cubitt) 先生寫了一封信給福爾摩斯，信內附了一張紙條；在紙上橫著畫了些在跳舞的奇形怪狀的小人，這是丘比特在他的花園日晷儀上找到的，如下圖所示：

艾爾西一看上面這張紙條，立刻昏倒了。之後她就像在做夢一樣，精神恍惚，眼睛裡一直充滿了恐懼。就在那個時候，丘比特寫了上面那一封信給福爾摩斯並於次日到倫敦拜訪福爾摩斯。在這之前一星期左右，丘比特第一次發現在一個窗臺上畫了一些跳舞的滑稽小人，跟那張紙上的一模一樣，是粉筆畫的，可惜沒有保留就擦掉了。跟福爾摩斯會面後的隔天早上，發現另一系列跳舞的小人用粉筆畫在工具房門上，如下圖所示：

---

❷ 網頁：http://web.thu.edu.tw/billshen/www/dancing-man.doc。
❸ 網頁之一：https://www.youtube.com/watch?v=ISpuTNxZVck。

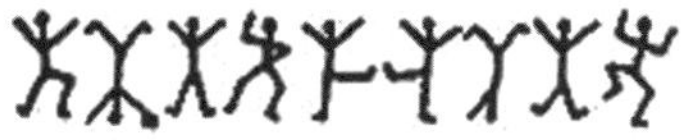

過了兩個早上，又出現了新的，如下圖所示：

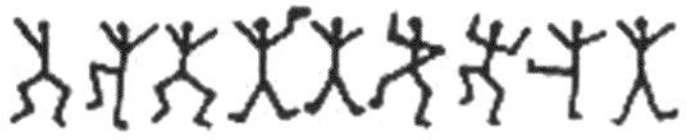

三天後，在日晷儀上找到一張紙條，很潦草地畫了一行小人，跟上一次的完全一樣。那夜在工具房門上又有人畫了一行跳舞的人，排列跟前兩次的完全相同。隔天早上那扇門除了已經有過的那行小人外，又添了幾個新畫的，如下圖所示：

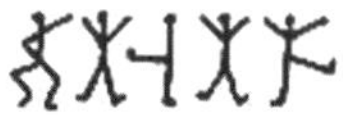

上面三個圖是第二次拜訪福爾摩斯時提供的。當然福爾摩斯心裡是十分興奮。丘比特的背影一消失，他就急急忙忙跑到桌邊，把所有的紙條都擺在自己面前，開始進行繁瑣的分析。一連兩個小時他把畫著小人和寫上字母的紙條，一張張來回掉換。他全神貫注在這工作上，完全忘了華生就在旁邊。順手的時候，便一會兒吹口哨，一會兒哼著小調；有時給難住了，就好一陣子皺著眉頭、兩眼發呆。最後，他滿意地叫了一聲，從椅子上跳起在屋裡走來走去，不住地搓著兩隻手，顯然已有重大的突破。後來，他打了一通很長的電報給某人，然後就等著回電。但遲遲不見回電，如此耐著性子等了兩天。在這兩天裡，只要門鈴一響，福爾摩斯就側著耳朵聽。第二天晚上，來了一封信，丘比特說他家裡平靜無事，只是那天清早又看到一長行跳舞的人畫在日晷儀上。他臨摹了一張，附在信裡寄了來，如下圖所示：

　　福爾摩斯伏在桌上，對著這張怪誕的圖案看了幾分鐘，猛然站起來，發出一聲驚異、沮喪的喊叫。焦急使他臉色憔悴。接著對華生表示他們應該盡快趕到馬場村莊園 (Riding Thorpe Manor)。過沒多久他所盼著的電報來了，看完後並表示急需讓丘比特知道目前的情況，多耽誤一分鐘都不應該，因為這位諾福克的糊塗紳士已陷入了危險的羅網。隔天一早，他與華生抵達馬場村莊園時，發現警察已在那兒了。丘比特先生已中彈身亡，而他太太艾爾西也中彈且情況相當危險。福爾摩斯問了一些問題後，就叫人送了一則短訊息給附近艾爾裡奇斯 (Elriges) 農場的阿貝・斯蘭尼 (Abe Slaney) 先生。

7.3　如何破案奧祕多

　　處理完這一切，他們等著犯人前來的空檔，福爾摩斯就向華生與警長解釋他如何破解那幾張畫著滑稽小人的紙條。他說道：在我面前擺著的就是這些罕見的作品，要不是它們成了這麼一場悲劇的前兆，那麼誰見了也會一笑置之。我比較熟悉各種形式的祕密文字，也寫過一篇關於這個問題的粗淺論文，其中分析了一百六十種不同的密碼。但是這一種我還是第一次見到。想出這一套方法的人，顯然是為了使別人以為它是隨手塗抹的兒童畫，看不出這些符號傳達的資訊。然而，只要看出這些符號是代表字母，再應用祕密文字的規律來分析，就不難找到答案。在交給我的第一張紙條上那句話很短，我只能稍有把握假定圖 ⿰ 代表 E。你們也知道，在英文字母中 E 最常見，它出現的次

數多到即使在一個短的句子中也是最常見的。第一張紙條上的十五個
符號，其中有四個完全一樣，因此把它看成 E 是合理的。這些圖形中，
有的還帶一面小旗，有的沒有小旗。從小旗的分布來看，帶旗的圖形
可能是用來把這個句子分成一個個的單詞。我把這看作一個可以接受
的假設，同時記下 E 是用下圖來代表的：

可是，現在最難的問題來了。因為，除了 E 以外，英文字母出現
次數的順序並不很清楚。這種順序，在平常印出的一頁文字裡和一個
短句裡，有可能正好相反。大致說來，按出現次數其順序為

T，A，O，I，N，S，H，R，D，L；

但是 T，A，O，I 出現的次數幾乎不相上下。要是把每一種組合
都試一遍，直到得出一個意思來，那會是一項沒完沒了的工作。所以，
只好等新材料來了再說。丘比特先生第二次來訪的時候，果真給了我
另外兩個短句和似乎只有一個單詞的話，就是這幾個不帶小旗的符號。
在這個由五個符號組合的單字中，我找出了第二和第四個都是 E。這
個單詞可能是 sever（切斷），也可能是 lever（槓桿），或者 never（決
不）。毫無疑問，使用末了這個詞來回答一項請求的可能性極大，而且
種種情況都表明這是丘比特太太寫的答復。假如這個判斷正確，那現
在就多了三個符號分別代表 N，V 和 R。然而此時我的困難仍很大，
但一個很妙的想法使我知道了另外幾個字母。我想如果這些懇求是來
自一個在丘比特太太年輕時就跟她親近的人，那麼一個兩頭是 E，當
中有三個別的字母的組合很可能就是 ELSIE 這個名字。我一檢查，
發現這個組合曾經三次構成一句話的結尾。這樣的一句話肯定是對

ＥＬＳＩＥ提出的懇求。這一來我就找出了Ｌ，Ｓ和Ｉ。可是，究竟懇什麼呢？在ＥＬＳＩＥ前面的一個詞，只有四個字母，末了是Ｅ。這個詞必定是ＣＯＭＥ（來）。我試過其他各種以Ｅ結尾的四個字母，都不符合情況。這樣我就找出了Ｃ，Ｏ和Ｍ，而現在我可以回頭再分析第一句話，把它分成單詞，還不知道的字母就用點代替。經過這樣的處理，這句話就變成：

．Ｍ．ＥＲＥ．．ＥＳＬＮＥ．。

　　現在，第一個字母只能是Ａ。這是最有幫助的發現，因為在這短句中出現三次。第二個詞開頭是Ｈ也是顯而易見的。這句話現在變成了：

ＡＭＨＥＲＥＡ．ＥＳＬＡＮＥＹ。

再把名字中所缺的字母添上：

ＡＭＨＥＲＥＡＢＥＳＬＡＮＥＹ。（我來了，阿貝·斯蘭尼。）

現在有了這麼多字母，我能夠很有把握地解釋第二句話了。這一句讀出來是這樣的：Ａ．ＥＬＲＩ．ＥＳ。

　　我看這一句中，我只能在缺字母的地方加上Ｔ和Ｇ才有意義（意為住在艾爾裡奇斯 Elriges），並且假定這名字是寫信人住的地方或旅店。馬丁警長和華生很有興趣的聽著福爾摩斯詳細講他如何找到答案的經過，這解答了他們所有的疑問。「後來你怎麼辦，先生？」警長問。「我有充分理由猜想阿貝·斯蘭尼是美國人，因為阿貝是美國式的編寫，而這些麻煩的起因又是從美國來的一封信。我也有充分理由認為這件事帶有犯罪的內情。女主人說的那些暗示她過去的話和她拒絕把

實情告訴她丈夫，都使我往這方面去想。所以我才給紐約警察局一個叫威爾遜‧哈格裡夫的朋友發了一個電報，問他是否知道阿貝‧斯蘭尼這個名字。他的回電說：此人是芝加哥最危險的騙子。就在我接到回電的那天晚上，丘比特寄來了阿貝‧斯蘭尼最後畫的一行小人。用已知道的這些字母譯出來就成了這樣的一句話：

E L S I E ‧ R E ‧ A R E T O M E E T T H Y G O ‧ 。

再添上 P 和 D，這句話就完整了（意為，艾爾西準備見上帝），這說明了這個流氓已從勸誘改為恐嚇。對芝加哥的那幫歹徒我很了解，所以我想他可能會很快把恐嚇的話付諸行動。於是和華生醫生立刻趕來諾福克，但不幸的是，我們趕到這裡的時候，最壞的情況已經發生了。」

　　福爾摩斯一解釋完，警長就急著要帶人去艾爾裡奇斯 (Elriges) 農場即刻展開逮捕斯蘭尼的行動。福爾摩斯說沒有這個必要，斯蘭尼很快就會自己送上門來。果真如福爾摩斯所說的，斯蘭尼來了，但一進門馬上就被警長戴上手銬。在等待被押走的時候，斯蘭尼坦承認罪（但聲稱他開槍乃是自衛），並說到這種祕密文字是艾爾西的父親發明給他們在芝加哥的幫派『聯幫』所使用的。斯蘭尼已經和艾爾西訂過婚，但艾爾西無法容忍他們幫派世界的行當，於是她就趁他們都不防備的時候溜走逃到倫敦。斯蘭尼最後終於找到了艾爾西的住處，並送出祕密訊息。奇怪的是為何斯蘭尼會走進福爾摩斯所設好的圈套呢? 福爾摩斯所寫的信息如下圖所示：

從前面所推導出的字母，你會發現它的意思不過是馬上到這裡來

(COME HERE AT ONCE)。斯蘭尼當然會確信這必定是從艾爾西來的，因為在他們幫派之外不會有人知道這種祕密文字的書寫。因此，他就來了並走進這個羅網。

🔑【簡單評論與後話】

福爾摩斯雖然以非常少的資料就可完成任務，但他所做的其實就是破解一簡單的代換密碼系統而已。跟多數此類的密碼系統一樣，頻率分析及對該語言的知識兩者都非常有用。好運氣當然也不錯，不管是幸運的猜測或是具有良好的字母分布都好。注意到 E 是如何勢不可當的成為最常出現的字母。實際上，在前四個信息共 38 個字母中，E 就佔了 11 席之多。這給了福爾摩斯一個好的開始。

認證在密碼術當中是相當重要的一環。假如五爺破解了三毛的密碼系統，那麼五爺就能經常偽裝成三毛來與四郎通訊。所以採取預防措施是重要無比的。法官給了斯蘭尼許許多多的時間足以來好好思考這方面的議題。

聰明而又機敏的你，或許已注意到在解密的過程中，我們有一點在作弊。同一符號代表ＮＥＶＥＲ中的Ｖ也代表ＰＲＥＰＡＲＥ中的Ｐ。據推測這有可能是誤印且發生在每一個印刷過的版本當中，甚至可追溯到該小說於 1903 年的第一次印刷。倘若這錯誤發生在福爾摩斯身上，那麼他的解密過程就會更加艱辛，而且有可能馬上得到一個結論：『聯幫』需要錯誤更正的技術來傳達他們的信息。實際上，某種型態的錯誤更正技術應該與大部分的密碼協定同時使用才行。

7.4　合成檢驗有妙方

卡麥克數雖然極其稀少，但其存在的個數竟然有無限多，此乃不

可爭之事實；這意味著，我們必須有一個更好更棒的方法來檢驗合成數。我們先看一個耳熟能詳質數的性質以及馬上會用到的一個簡單的推論：

質數基本性質

令 p 為質數且令 a, b 為整數。若 $p|ab$，則 $p|a$ 或 $p|b$。

證明　因 p 是質數，僅有的因數為 $\pm 1, \pm p$；所以我們有

$$\gcd(a, p) = p \text{ 或 } \gcd(a, p) = 1$$

因此就分這兩種情況來討論

(i) $\gcd(a, p) = p$：因 $\gcd(a, p)|a$；故得 $p|a$。

(ii) $\gcd(a, p) = 1$：存在二整數 x 與 y 使得 $ax + py = 1$；又 $p|ab$ 得知有一整數 α 使得 $ab = p\alpha$。所以有

$$ax + py = 1 \Rightarrow abx + pby = b \overset{ab=p\alpha}{\Rightarrow}$$
$$p\alpha x + pby = p(\alpha + by) = b \Rightarrow p|b$$

故得證質數基本性質。

推論　令 p 為質數，則 $x^2 \equiv 1 \pmod{p}$ 的解只有 $x \equiv \pm 1 \pmod{p}$；換句話說，在模 p 之下 1 的平方根不是 1 就是 -1。

證明　因為

$$x^2 \equiv 1 \pmod{p} \Leftrightarrow p|(x^2 - 1) = (x-1)(x+1)$$
$$\Leftrightarrow p|(x-1) \text{ 或 } p|(x+1)$$

所以 $x \equiv 1 \pmod{p}$ 或 $x \equiv -1 \pmod{p}$，故得證此推論。

奇質數的一個性質

令 p 為奇質數並將 $p-1$ 寫成 $p-1=2^k m$，其中 m 為奇數且令 $a \in \mathbb{Z}$ 不為 p 的倍數，則下列二者必有一為真：

(i) 在模 p 之下 a^m 與 1 同餘。

(ii) 下列 k 個數 a^m, a^{2m}, a^{4m}, $\cdots$, $a^{2^{k-1}m}$ 中有一個跟 -1 同餘 $(\bmod p)$。

證明 考慮下面 $k+1$ 個數

$$a^m, a^{2m}, a^{4m}, \cdots, a^{2^{k-1}m}, a^{2^k m}$$

費馬小定理告訴我們說：$a^{p-1} \equiv 1 \ (\bmod p)$；這意味著，在模 p 之下最後一個數與 1 同餘，因為 $2^k m = p - 1$。再者，每一個數都是前一個數的平方（所以一旦出現 1 $(\bmod p)$ 那麼後面就全部都是 1 $(\bmod p)$）。因此下列二者必有一為真：

(i) 第一個數 a^m，在模 p 之下與 1 同餘；此種情況會導致所有這 $k+1$ 個數都與 1 同餘。

(ii) 否則的話，令第一個出現 1 $(\bmod p)$ 的是 $a^{2^i m}$，此處 $0 < i \le k$；故得一數 $a^{2^{i-1}m}$ 在模 p 之下與 1 不同餘，但平方之後與 1 同餘。上面推論得知：在模 p 之下，具此性質的數只有 -1；因此最後那個數之前的 k 個數 a^m, a^{2m}, a^{4m}, $\cdots$, $a^{2^{k-1}m}$ 中有一個就是 -1 $(\bmod p)$。

故得證此奇質數的性質。

翻轉上述奇質數的性質，馬上就得到一個合成數的檢驗法；稱之為拉賓－米勒合成數檢驗法 (Rabin-Miller Test for Composite Numbers)。

因此，若 n 是奇數但不滿足上述奇質數的性質，那麼我們就知道 n 必定是合成數。如此這般，我們已經證明了這個合成數的檢驗法。

拉賓─米勒合成數檢驗法

令 n 為奇數並將 $n-1$ 寫成 $n-1 = 2^k m$，其中 m 為奇數。若存在有不為 n 之倍數的整數 a 滿足下列二條件：

(i) $a^m \not\equiv 1 \pmod{n}$，

(ii) $a^{2^i m} \not\equiv -1 \pmod{n}$, $\forall i = 0, 1, \cdots, k-1$；

則 n 是合成數。

　　值得注意的是，這個方法非常快而且很容易在電腦上執行；因為一旦算完 $a^m \pmod{n}$，剩下就只有幾個模 n 之下的平方運算而已。

　　對任意特別選出的 a 值，同時滿足上述二條件就能確認是合成數；否則的話，只能小聲的建議說 n 可能是質數。用拉賓─米勒合成數檢驗法能成功證明 n 是合成數的 a 值，就稱之為（n 是合成數的）拉賓─米勒見證人。此法之所以這麼有用乃根基於下面的事實，其證明可在任何更專業的書本裡找到。

　　　若 n 是奇合成數，則至少有 75% 介於 1 及 $n-1$
　　　　間的 a 值扮演著拉賓─米勒見證人。

換句話說，每一個合成數擁有許許多多的拉賓─米勒見證人，因此在拉賓─米勒合成數檢驗法當中不會有「卡麥克」型態的數出現。

　　譬如說，如果我們隨機選出 100 個不同的 a 值，而且如果沒有半個是 n 的拉賓─米勒見證人，那麼 n 會是合成數的機率小於 $0.25^{100} \approx 6 \times 10^{-61}$。

　　況且如果你覺得這樣子還是挺冒險的，你總可以再試幾百個不同的 a 值。在實作上，如果 n 是合成數，那麼僅需幾個拉賓－米勒檢驗實際上總會顯露出來的。

　　舉例說明之，以 $a = 2$ 對卡麥克數 $n = 561$ 來執行拉賓－米勒檢驗。我們有 $n - 1 = 560 = 2^4 \times 35$，接著計算

$$2^{35} \equiv 263 \pmod{561}, \quad 2^{2 \cdot 35} \equiv 263^2 \equiv 166 \pmod{561},$$
$$2^{4 \cdot 35} \equiv 166^2 \equiv 67 \pmod{561}, \quad 2^{8 \cdot 35} \equiv 67^2 \equiv 1 \pmod{561}。$$

第一個數 2^{35} 在模 561 之下既不是 1 也不是 -1，而且其他的數也都不是 -1，所以 2 是 561 的拉賓－米勒見證人。

　　第二個例子，我們取大一點的數 $n = 172947529$。我們有 $n - 1 = 172947528 = 2^3 \times 21618441$，以 $a = 17$ 檢驗之；第一步得

$$17^{21618441} \equiv 1 \pmod{172947529}$$

所以 17 不是 172947529 的拉賓－米勒見證人。下一個我們試 $a = 3$，很不幸的我們得

$$3^{21618441} \equiv -1 \pmod{172947529}$$

所以 3 也不是 172947529 的拉賓－米勒見證人。至此碰了兩個釘子，我們可能會懷疑 n 是質數；但如果再試一個另外的值，如 $a = 4$，我們發現

$$4^{21618441} \equiv 2257065 \pmod{172947529},$$
$$4^{2 \cdot 21618441} \equiv 1 \pmod{172947529}, \quad 4^{4 \cdot 21618441} \equiv 1 \pmod{172947529},$$

所以 4 是 172947529 的拉賓—米勒見證人。實際上，172947529 是一卡麥克數；但用手算來分解，並不是那麼容易的。

7.5 拜別傳統奔未來

在第三講起頭的地方，我們指出要建造更安全的密碼，其著力點乃在於加密函數。從位移函數開始 $f(x) \equiv x + k \pmod{n}$，其中 n 為明文字母的總數（前面舉例都是用英文 26 個字母，故 $n = 26$）而 $k \in \mathbb{Z}_n$ 則是加密鑰匙。第一步推向一般的一次多項式（仿射函數）

$$f(x) \equiv \alpha x + \beta \pmod{n}; \ \alpha, \beta \in \mathbb{Z}_n$$

為了維持一對一的特性，α 必須與 n 互質，原因如下：若 $f(x) = f(y)$ 則

$$\alpha x + \beta \equiv \alpha y + \beta \Rightarrow \alpha x \equiv \alpha y \Rightarrow x \equiv y \pmod{n}$$

最後的那個推論式乃根據消去律，而消去律又根據 α 的可逆性，也就是 α^{-1} 的存在性；但 $\alpha^{-1} \ni \Leftrightarrow \gcd(\alpha, n) = 1$。所以結論是：仿射函數是一對一的充分必要條件為 α 與 n 互質。

那兒，我們也指出當多項式次數提高時，要維持一對一的特性就更加不容易。現在我們考慮 k 次 $(k \geq 2)$ 但只有一項的 k 次單項式；係數不重要，因為如同一次多項式一樣必須與 n 互質，所以就只考慮首一 (monic) 單項式 x^k。我們要問的是

何時 $f(x) \equiv x^k \pmod{n}$ 會是 $\mathbb{Z}_n$ 到 $\mathbb{Z}_n$ 的一對一映成函數呢？

注意到集合 $\mathbb{Z}_n$ 是有限的，因而映成性與一對一的性質是等價的。我們的問題現在變成是

$$何時\ x^k \equiv y^k \pmod{n} \Rightarrow x \equiv y \pmod{n}?$$

這問題其實不難，你一定會想到歐拉定理（第三講），但之後的模次冪基本原理才是更關鍵的。基本原理告訴我們

在模 n 工作時，次冪必須在模 $\phi(n)$ 之下運作。

將基本原理用在次冪 k 上。次冪 k 怎麼才會變成 $1 \pmod{\phi(n)}$ 呢？這告訴我們：唯一的可能性是 k 在模 $\phi(n)$ 之下是可逆的，所以 k^{-1} 在模 $\phi(n)$ 之下存在；故存在有整數 m 使得 $kk^{-1} = 1 + m\phi(n)$，因而

$$(x^k)^{k^{-1}} = x^{1+m\phi(n)} = x(x^{\phi(n)})^m \equiv x \cdot 1^m = x \pmod{n}$$

當然，這裡的 x 必須與 n 互質，亦即 $x \in \mathbb{Z}_n^{\times}$，上式中的第三個同餘式才成立（歐拉定理）。因此，當 k 與 $\phi(n)$ 互質時，我們得知：$f : x \mapsto x^k$ 是一個從 $\mathbb{Z}_n^{\times}$ 映成 $\mathbb{Z}_n^{\times}$ 的一對一函數。如此一來，這就順理成章的締造了一個新一代的加密函數。

聰明的你當然會問：這個加密函數強嗎?

前面的那兩個，不管是位移也好或是仿射也好，都是非常非常脆弱的、是不堪一擊的。現在這個有什麼本質上的不同嗎？我們不妨先看一個簡單的例子之後，再說吧。

● **例題 7.1**

假設你將一信息表示成模 31 之下的一個整數 x (mod 31)。再將明文 x 加密為 $y \equiv x^7$ (mod 31)。請問如何將 $y = 11$ 解密？

● **解** 因為 $n = 31 \Rightarrow \phi(n) = 30$，而 $\gcd(7, \phi(n)) = 1$，所以七次方函數是從 $\mathbb{Z}_{31}$ 映至 $\mathbb{Z}_{31}$ 的一對一函數，因而也是映成函數。怎麼破解呢？上面的論證告訴我們，在 $y \equiv x^7$ (mod 31) 兩邊取 7^{-1} (mod $\phi(31)$) = 13 次方即可（因為模 30 下 $13 \cdot 7 = 91$ 就是 1）；又

$$y^{13} = (x^7)^{13} = x^{91} = x(x^{30})^3 \equiv x \cdot 1^3 \quad (\text{mod } 31) = x$$

利用模次冪連續平方方法來計算 11^{13} (mod 31) 如下：

$$11^2 \equiv 28 \equiv -3,\ 11^4 \equiv (-3)^2 \equiv 9,\ 11^8 \equiv 9^2 \equiv -12 \quad (\text{mod } 31);$$

$$x \equiv y^{13} = 11^{13} \equiv 11^{8+4+1} = 11^8 \cdot 11^4 \cdot 11 \equiv (-12) \cdot 9 \cdot 11 \equiv 21\ (\text{mod } 31),$$

因此我們得到明文為 21。

這個例子給人的感覺是，搖搖頭；只要 n 是質數，不管有多大，那麼 $\phi(n) = n - 1$ 就在你眼前；而剩下的計算量頂多就是模次冪連續平方，所以被破解乃理所當然。因此之故，要成就更強的此類加密函數，最起碼的要求是 n 不能是質數，那麼就讓我們看一個這樣的例子吧。

● 例題 7.2

假設你將一信息表示成模 1081 之下的整數 $x \pmod{1081}$。再將明文 x 加密為 $y \equiv x^9 \pmod{1081}$。請問如何將 $y = 711$ 解密？

● 解　因 $n = 1081 = 23 \cdot 47 \Rightarrow \phi(n) = 22 \cdot 46 = 1012$，而 $\gcd(9, \phi(n)) = 1$；所以九次方是一對一，因而也是映成函數。在 $y \equiv x^9 \pmod{1081}$ 兩邊取 $9^{-1} \pmod{\phi(1081)} = 225$ 次方即可解出 x（輾轉相除算出 225）；因為 $y^{225} = (x^9)^{225} = x^{2025} = x(x^{1012})^2 \equiv x \cdot 1^2 \pmod{1081} = x$，連續平方計算 $711^{225} \pmod{1081}$ 如下：

$$711^2 \equiv (-370)^2 \equiv -387 \quad (\bmod\, 1081)$$
$$711^4 \equiv (-387)^2 \equiv -487 \quad (\bmod\, 1081)$$
$$711^8 \equiv (-487)^2 \equiv 118 \quad (\bmod\, 1081)$$
$$711^{16} \equiv 118^2 \equiv -129 \quad (\bmod\, 1081)$$
$$711^{32} \equiv (-129)^2 \equiv 426 \quad (\bmod\, 1081)$$
$$711^{64} \equiv 426^2 \equiv -132 \quad (\bmod\, 1081)$$
$$711^{128} \equiv (-132)^2 \equiv 128 \quad (\bmod\, 1081);$$

$$x \equiv y^{225} = 711^{128+64+32+1} \equiv 128 \cdot (-132) \cdot 426 \cdot 711^2 \equiv 244 \quad (\bmod\, 1081),$$

因此我們得到明文為 244。

上面這兩個例子，我們的情景是在模 n 下用 k 次方加密；所以解密就是反其道而行，變成計算模 n 下的 k 次方根。在上面的討論當中，我們用一對一函數的版本來表達；若用映成函數的版本來表達的話，會是什麼樣子呢？且看：當 k 與 $\phi(n)$ 互質時，k 次方函數 $f : x \mapsto x^k$ 是一個從 $\mathbb{Z}_n^\times$ 映成 $\mathbb{Z}_n^\times$ 的一對一函數。因此，

對任意的 $b \in \mathbb{Z}_n^\times$，必存在唯一的 $x \in \mathbb{Z}_n^\times$ 滿足 $x^k \equiv b \pmod{n}$。

這也就是在模 n 之下求 k 次方根的意思，亦即用映成函數的版本所表達出來的模樣。前兩例提供我們在模 n 之下求 k 次方根的演算法如下：

模方根演算法

令 n, k 為正整數。當 $\gcd(k, \phi(n)) = 1$ 時，對任意的 $b \in \mathbb{Z}_n^\times$，在模 n 之下計算 x 滿足同餘式 $x^k \equiv b \pmod{n}$ 的步驟如下：

1. 找出 $\phi(n)$（見第三講第五節）。
2. 延伸輾轉相除算出 $u = k^{-1} \pmod{\phi(n)}$（見第一講第六節）。
3. 連續平方算出 $b^u \pmod{n}$，這就是解 x（見第六講第二節）。

證明　為何行得通呢？因 $uk \equiv 1 \pmod{\phi(n)} \Rightarrow uk = 1 + v\phi(n)$，其中 v 為整數；故得證

$$x^k = (b^u)^k = b^{uk}$$
$$= b^{1 + v\phi(n)} = b(b^{\phi(n)})^v$$
$$\equiv b \cdot 1^v = b \pmod{n}$$

這告訴我們說：$x = b^u \pmod{n}$ 的的確確是提供給了我們同餘方程式 $x^k \equiv b \pmod{n}$ 所需要的解。

連續平方法乃是計算模次冪 $a^k \pmod{n}$ 非常快速、實用且有效率的演算法，即使 k 與 n 都很大也照樣暢行無阻。而上面所描述的模方根演算法也一樣實用嗎？換句話說，解同餘方程式 $x^k \equiv b \pmod{n}$ 的演算法，在實作上會有多困難呢？我們一起逆著演算法的三個步驟來思考這個問題。步驟三說的連續平方算出 $b^u \pmod{n}$，如上所說此法計算模次冪非常快速，故不成問題。步驟二所用的延伸輾轉相除法，同樣也非常快速、實用且有效率，縱使 k 跟 $\phi(n)$ 都很大也無法興風作浪。

最後我們來到看起來既不痛也不癢的步驟一，這個步驟淡淡的告訴我們說：找出 $\phi(n)$ 之值。如果我們知道 n 的分解式，那麼第三講第五節的公式即可搞定。然而，如果 n 是非常的大，那麼有可能在合理的時間範圍裡要分解 n（若不是不可能）是極端困難的。聰明的你，且看下面的例子，給自己機會體會體會個中的滋味吧。

● 例題 7.3

假設你將信息表示成模 $n = 23590121$ 下的整數 $x \pmod{n}$。再將明文 x 加密為 $y \equiv x^{911} \pmod{n}$。請問你如何將 $y = 21945481$ 解密？

● 解 如果你沒有電腦或其他的計算器，那可能會讓你忙一陣子後才發現原來東海大學的電話號碼 23590121 可分解成兩個質數的乘積

$$n = 23590121 = 1753 \times 13457$$

所以 $\phi(n) = 1752 \times 13456 = 23574912$，而 $\gcd(911, \phi(n)) = 1$；因此得知九一一次方是一對一，因而也是映成函數。在同餘式 $y \equiv x^{911} \pmod{n}$ 兩邊取 $911^{-1} \pmod{\phi(n)} = 10040687$ 次方；連續平方計算模次冪

$$21945481^{10040687} \pmod{n}$$

即可解出明文為 $x = 1234567$。

想像一下，若上例中我們不是選 8 位數的東海大學電話號碼，而是選兩個質數 p 與 q，各自都有 100 位數，再相乘得到 $n = pq$。若要你解同餘方程式 $x^k \equiv b \pmod{n}$，實際上那是不可能的；除非我偷偷的告訴你 p 跟 q 之值，否則你是沒有辦法找出 $\phi(n)$ 的。

到目前為止，我們找出 $\phi(n)$ 的辦法是透過公式 (3.2)，其中需要 n 的分解式；要問聰明的你，

有沒有其他更有效率的演算法呢？

再兩講之後，我們會證明若你知道 $\phi(n)$ 那麼 n 就可被你分解；所以目前看起來這兩者的困難度是綁在一起的，找出 $\phi(n)$ 就相當於或等價於 n 可分解。另一方面，若 n 有多於兩個的質因子或包含有平方以上的因子，那麼對同樣大小的 n 來說，n 就更容易被分解。因此之故，n 剛好是兩個相異質數乘積的情況變成是最難搞定的。

聰明的你，有其他想法嗎？

總而言之，倘若我們有辦法找出 $\phi(n)$，那麼上面的方法確實是快速、實用且有效率解同餘式 $x^k \equiv b \pmod{n}$ 的演算法。若是我們沒有辦法找出 $\phi(n)$，看起來此法只好飲恨吞聲收場；但恰恰是這個「遺憾」，讓我們可以拿來設計建造一個銅牆鐵壁般的公鑰密碼。下兩講我們先順著歷史的軌跡訪古尋幽，想想當年人們如何打破傳統密碼的限制，引導我們走進一個新突破的方向，開拓了一條嶄新的近代密碼學之路。

第八講

山窮水盡疑無路—公鑰密碼多傳奇

我們依舊緊跟著傳統密碼之旅中三個主要的靈魂人物：張三毛、李四郎和王五爺，一起來暢遊密碼之旅的下半部；這就是即將展開的公鑰密碼之旅，也就是近代密碼之旅。

出發之前，我們先瀏覽來自《科學的美國人》❶雜誌數學遊戲專欄中一篇有趣的報導；就算是公鑰密碼之旅的暖身操，或說是品嚐近代密碼「世紀大餐」的開胃菜。

8.1 世紀大餐開胃菜

《科學的美國人》雜誌於 1977 年 8 月在數學遊戲專欄中出現了一篇文章題為「數百萬年才解得開的新式密碼 [17] (A new kind of cipher that would take millions of years to break)」，作者就是該雜誌的數學遊戲專欄作家馬丁・加德納 (Martin Gardner)。

▲馬丁・加德納
出處: Konrad Jacobs, Erlangen

---

❶《科學的美國人》(*Scientific American*) 是美國出版的一份科普雜誌，非正式的縮寫為 *SciAm*；至今已有 169 年的歷史，乃是美國境內連續出版歷史最悠久的月刊。

文中他介紹了瑞沙葉密碼系統 (RSA Cryptosystem)。在解釋完加密方式如何運作後，加德納代替 MIT 的作者群向讀者提出一項挑戰（簡稱 RSA-129）。他刊出一則密碼文 c，以及其加密鑰匙 (n, e) 如下：

n = 114381625757888867669235779976146612010218296721
    242362562561842935706935245733897830597123563958
    705058989075147599290026879543541;

e = 9007;

c = 968696137546220614771409222543558829057599911241
    574319874695120930816298225145708356931476622883
    989628013391990551829945157815154;

這項挑戰就是分解整數 n，然後再將密碼文 c 解密。這是已知唯一找到明文的方法。在 1977 年那個年代，據估計用當時最新的分解法，需要 4×10^{16} 年的時間才能完成。所以作者認為挺安全的提供了 $100 美元獎金給任何在 1982 年 4 月 1 日之前破解的人。

為了證明這的確來自 MIT 的作者群，還特別附上簽名如下：

s = 167178611503808442460152713891683982454369010323
    583112178350384469290626554487922371144905095786
    086556624965779748400040570203 73

然而，由於因數分解技巧的不斷精進與改良，不用數百萬年，此項挑戰終於在 17 年後就被破解 [4]。1994 年 4 月 26 日由阿特金斯 (Atkins)、葛拉夫 (Graff)、雷斯特拉 (Lestra) 與雷南德 (Leyland) 成功地分解了上面的那個 129 位數 n。

六百位志願軍❷，連同總數達 1600 部的電腦，利用閒暇時間加入

工作的行列，一起尋找所需要的關係式。透過電子郵件回報至中央機器統一整合，去掉重複的，並將資料儲存在一個更大的矩陣當中。經過七個月的努力，他們得到一矩陣有 569466 列與 524338 行。很幸運地，這個矩陣相當的稀疏，當中有許多元素為 0，因此可以很有效率的儲存。用高斯消去法將此矩陣縮簡至一非稀疏的矩陣有 188614 列與 188160 行。所花的時間不超過 12 個小時。再花另外 45 個小時的計算，他們找到了 205 個關係式。前三個什麼也沒得到，但第四個就得到了 n 的分解式為：

```
p = 34905295108476509491478496199038981334177646384
    93387843990820577;
q = 32769132993266709549961988190834461413177642967
    992942539798288533;
```

輾轉相除算出 9007^{-1} (mod $(p-1)(q-1)$)，得到解密次冪為：

```
d = 10669861436857802444286877132892015478070990663
    39378628012262244966310631259117744708733401685
    974623065539685445132771109053606095
```

連續平方計算 c^d (mod n)，得到明文信息為：

```
m = 200805001301070903002315180419000118050019172105
    011309190800151919090618010705
```

用 01 = A, 02 = B, …, 26 = Z 及 00 = 空白，代換回去文字得到

```
the magic words are squeamish ossifrage
```

---

❷這些自告奮勇的人士分別住在澳大利亞、英國、美國和委內瑞拉。

（a squeamish ossifrage 是超敏感的鷹，信息如此選擇是為了防止猜測）。詳情見論文 [5]，或查看由 Atkins, Graff, Lestra 與 Leyland 透過電子郵件所發布的消息：http://www.mit.edu:8001/people/warlord/RSA129-announce.txt 或拜訪 Derek Atkins 的網頁❸。至於簽名檔說了些什麼呢？這只需加密次冪 e 算出 s^e (mod n)，得到：

```
060918192000191512220518002309141900151405000821140
418050400041512120118190
```

代換回去文字得到：first solver wins one hundred dollars。

8.2 解鈴還須繫鈴人

　　現在回到密碼之旅的靈魂人物：張三毛與李四郎。三毛要傳送信息給四郎，他們沒有事前的接觸，也不希望花時間交信差遞送鑰匙。因此，所有三毛送給四郎的信息都有可能被第三者五爺給攔截。在此種情況之下，三毛是否有可能祕密傳送信息給四郎呢？也就是說，所傳送的信息只有四郎能閱讀但五爺卻不行。

　　在所有傳統方法中，這是不可能辦到的事情。因為三毛必需透過公開的頻道將鑰匙遞送給四郎，所以五爺可將此鑰匙攔截；如此一來，他就能閱讀所有未來三毛所傳送出來的信息。這說明了傳統密碼術的安全性完全仰賴於鑰匙的祕密性。

　　　　　如何打破這個僵局與困境呢？

❸ 參考網頁 http://www.mit.edu:8001/people/warlord/home_page.html。

「解鈴還須繫鈴人」，當然得從鑰匙這邊來動腦筋、想點子。傳統密碼術最大的致命傷在於其加密鑰匙和解密鑰匙是對稱的；也就是說，解密鑰匙很容易就可以從加密鑰匙推導出來，甚至有時候更是單純到解密鑰匙就是加密鑰匙。如此看來，突破之點就在於

打破加密鑰匙和解密鑰匙之間的對稱性；

也就是說，即使給你加密的鑰匙，你也沒有任何的法子可以計算出或得到解密的鑰匙。所以很自然的，我們將過去的那些傳統密碼系統歸類為對稱密碼系統 (Symmetric Cryptosystems)，而尚未誕生的那些密碼系統就稱之為非對稱密碼系統 (Asymmetric Cryptosystems)。

在思考這個問題時，很難避免的我們會從鑰匙聯想到門。有許多公共建築物的大門，當你從門內到門外只要將門一推即可，然後喀嚓一聲門自動鎖上毫無困難；但反過來則困難重重，必須那持有鑰匙的人才能開鎖從門外再度回到建築物內。從門內將門一推，出來後將門一放，表面上好像是不需鑰匙；實際上那推放的動作因為每個人都知道，可以看成是公開的鑰匙。門裡門外是全然不同的兩個世界。所以如何打破加密鑰匙與解密鑰匙之間的對稱性呢？乍看之下似乎是不可能，然而門的比喻帶給了我們些許的啟發與暗示。出去是

簡單、容易、快速，

進來卻

複雜、困難、緩慢；

也就是說，一個方向是簡、易、速而另一個方向則雜、難、慢。這樣子的東西到底是怎麼樣的一個東西呢？是一個運算嗎？是一個函數嗎？

是一個演算法嗎? 這整個探索過程的歷史是相當耐人尋味的; 我們現在就順著歷史的軌跡來訪古尋幽一番。

8.3 尋幽探勝是迪菲

這其中最關鍵的人物是

惠特菲爾德・迪菲 (Whitfield Diffie),

▲惠特菲爾德・迪菲

迪菲 1944 年 6 月 5 日生在華府 (Washington D.C.),長在紐約皇后區。打從十歲起就已斷斷續續對密碼術產生了興趣,這要歸功於小學老師瑪麗・柯林斯 (Mary Collins) 跟他們上了一天簡易密碼系統的課程後讓他興奮莫名,回家後並要父親借來紐約城市學院圖書館所有跟密碼有關的兒童圖書; 甚至連海倫・甘尼斯 (Helen Gaines) 的「密碼分析」 [16] 也想讀,只可惜沒能讀懂。

他在童年就迷上數學,從橡膠公司的數學手冊到哈地的純數課程 [19],幾乎只要跟數學有關的書他都讀。長大後,先在柏克萊 (U.C. Berkeley 1962) 後進入麻省理工 (MIT 1964) 主修數學。

　　迪菲在 1965 年畢業之後隨即進入密特 (Mitre) 公司同卡爾·恩格爾曼 (Carl Engelman) 工作，研發那被稱為 Mathlab 的符號數學演算系統，後來在 MIT 發展成數學套裝軟體 Macsyma。老闆告訴過他當時的密碼系統是如何產生鑰匙串並加密之過程，這激發他開始思考密碼術裡面的東西。當時工作的環境是在 MIT 的人工智慧實驗室，必須藉著彼此的互信來保護資料；所以他想密碼術應該跳出這個框框。

　　當時他只懂一些數學而電腦卻一竅不通，但工作需要逼他得進入系統程式並開始接觸編譯器，從而得知程式正確性之證明的概念，同時也意識到那可能是現代工程學最重要的問題，因此他就開始思考那個問題。當時麥卡錫❹(McCarthy) 是唯一了解那問題之重要性的人，剛好到了波士頓。

▲ 約翰·麥卡錫

❹約翰·麥卡錫 (John McCarthy, 1927 年 9 月 4 日—2011 年 10 月 24 日)，生於美國麻薩諸塞州波士頓，計算機科學家。因人工智慧領域的貢獻而在 1971 年獲圖靈獎。他在 1955 年的達特茅斯會議上提出了「人工智慧」這個概念。目前網址為 http://web.archive.org/web/20131011125002/http://www-formal.stanford.edu/jmc/。

　　迪菲跟麥卡錫有機會聊過一些相關問題之後，就接受麥卡錫之聘轉到史丹佛大學的人工智慧實驗室；同麥卡錫還有他的幾個研究生一起工作，那是 1969 年 6 月下旬。年底麥卡錫寫完關於家庭終端機的論文，其中並構想人們透過家庭終端機買賣交易之事，因而促使迪菲開始思考到我們現在稱為數位簽名的問題。

　　工作的機緣加上老闆的要求，一步步帶領著迪菲在密碼術上作更多的思考並願意閱讀密碼術的古典文獻。1972 年秋，他開始研讀密碼歷史學家大衛・坎恩❺(David Kahn) 的《破碼者》[27]。這是第一本詳細探討密碼發展史的書，對初入門的密碼研究者而言，是最佳的入門讀本。迪菲閱讀的速度很慢，一直到隔年春天，除了搞密碼之外什麼事也沒做。

▲大衛・坎恩
出處：Bobrowen

---

❺坎恩 (Kahn) 美國歷史學家、新聞記者與作家，1930 年 2 月 7 日出生；專精在密碼學之歷史及軍事情報史。《破碼者》(*The Codebreakers*) 是他出版的第一本書，所記錄講述乃公鑰密碼之前至 1960 年代中之歷史。

8.4 遨遊四方思密碼

迪菲看麥卡錫的臉色不對，於是就留職停薪離開史丹佛大學開始雲遊四方。最先是一個人自由自在的遨遊，不只在美國還打算環遊世界。不料，有伊人同行，他在紐澤西 (New Jersey) 邂逅未來的太太瑪麗・費雪 (Mary Fisher)；如此一來，環遊世界就不是那麼方便了。除此之外的首要任務當然是思考一些密碼方面的問題，其中最主要的有兩個：

🔒 第一個是鑰匙的發送問題。若有兩個未曾謀面的人想藉著慣用的加密方式祕密互通信息的話，他們必須事先同意所要使用的鑰匙，這鑰匙只有他們兩個知道而別無他人。

🔒 第二個是簽名的問題，顯然跟第一個風馬牛不相及。聰明的你，是否能幫忙設計一方法，提供給純數位信息的接收者，透過某種管道讓他足以向別人證明所收到的信息確實來自某人，如同此人親自在信息上簽上大名一般？

這兩個問題看起來就是不可能達成的任務 (Mission Impossible)。在第一種情況，若未曾謀面的兩個人既然有辦法互通其祕密鑰匙，那為什麼他們沒有辦法祕密地彼此互通信息呢？而第二種情況也不會更好。為求有效，簽名必須是難以複製。然而如何在一個可複製得跟原版完全一樣的數位信息當中簽上尊名呢？

在當時這兩個問題困擾迪菲都好幾年了，一個有八年、九年之久，另一個也有四年、五年的時間。1974 年的夏季，他大部份時間是待在麻州劍橋市並參加吉姆・芮茲❻(Jim Reeds) 所主持的密碼術研討會。那時他們已發展出所謂的單向函數 (one-way function) 的觀念，他們都

在思考著並認為大概很難建造出來；也不確定，果真建造出來了，又有何用？

之間，迪菲受邀到紐約州約克城高地 (Yorktown Heights) 的 IBM 實驗室，那兒擁有美國當年非官方最大的密碼研究群。設計資訊加密標準 DES (Data Encryption Standard) 的那批人馬就在這兒。他跟 IBM 資深密碼專家艾倫・康海姆❼(Alan Konheim) 閒聊家常，而談話間康海姆顯得神祕兮兮的什麼都不太願意講。唯獨說了一件事，之後他又但願他什麼都沒說。他說：我的老朋友馬丁・赫爾曼 (Martin Hellman)，幾個月前在這裡講過鑰匙的發送問題，他在史丹佛大學，而兩個人一起研究問題總比一個人來得更好，所以當你回到史丹佛的時候，你應該去看看他。

8.5 雲淡風輕氣爽時

所以就如此這般的在那一年 (1974) 秋高氣爽又是雲淡風輕之際，迪菲帶著太太從美國東岸千里迢迢、翻山越嶺地回到西岸的史丹佛，並打電話跟赫爾曼聯絡上。赫爾曼從未聽過他的名字，勉為其難同意在那天下午跟他談半個小時。沒想到這一次的會談不只盡興，彼此都認為對方是平生所遇過在密碼方面見聞最廣博且願意更深入探討又尚未正式踏入這領域的人；所以他們就開始攜手合作，從 1974 年秋天一直到 1978 年秋天足足有四年的時間。

---

❻芮茲 (Jim Reeds) 當時在哈佛大學統計系攻讀博士，迪菲認為他是密碼學界最聰明的頭腦之一，目前網址 http://www.dtc.umn.edu/~reedsj/。

❼艾倫・康海姆 (Alan Konheim) 美國電腦科學家與密碼專家，1962 至 1980 年任職於 IBM；隸屬於現代密碼學巨人霍斯特・費斯妥 (Horst Fiestel) 下的研究群，請參閱目前網址 http://www.cs.ucsb.edu/~konheim/。

▲惠特菲爾德‧迪菲　　　▲馬丁‧赫爾曼
出處：Mary Holzer　　　出處：Alexander Sigachov

　　有趣的是當他們二人在辦公室聊的時候，迪菲的太太先到其他地方；等辦完事回來，他們二人正聊得起勁。於是赫爾曼就邀請迪菲夫婦一起到他的住處，因為他答應太太回去照顧小孩。迪菲太太是個動物專家，對狗狗特別在行；巧的是赫爾曼的岳母是養狗專家，他太太對狗也很在行；所以這兩個家庭實在是緣分頗深，極多相似之處。

　　可惜，赫爾曼沒有足夠的研究經費來聘任如此志同道合的朋友當研究員；只好退而求其次，由迪菲申請成為史丹佛的研究生並開始一個密碼學方面的學術研討會。隔年春天，迪菲北上去拜訪人在柏克萊的倫斯‧霍夫曼[8]（Lance Hoffman），因他博士論文所探討的主題就是電腦安全方面的東西；然而他卻向迪菲推薦說他有個學生名叫彼得‧布雷特曼[9]（Peter Blatman），他對密碼術有興趣。於是迪菲找到了布雷特曼，談過之後他也願意參與研討會。

---

[8] 目前在華府喬治華盛頓大學，其網址為 http://www.seas.gwu.edu/lanceh/。
[9] 此人乃密碼歷史學家大衛‧坎恩 (David Kahn) 自幼就認識的朋友。

▲瑞夫・默克
出處: David Orban

　　布雷特曼跟迪菲提及一個人名叫瑞夫・默克（Ralph Merkle），
說: 默克已經在「如何與未見過面的人有安全的通訊」之問題上工作
好一陣子了。而這恰恰就是迪菲久思未解，如上所說的第一個問題；
他也曾自我論證過此問題之不可解，因此不僅要說服自己也要說服布
雷特曼同意這樣的觀點。雖說如此，他還是回頭再度的去思考這個問
題，所以默克在那時扮演著一個極其關鍵而又重要的角色。其實默克
當時已經解決了那個問題，但他切入的方式與迪菲卻是迥然不同。

　　默克那時選了霍夫曼開的一門課，這門課要求每個人必須找一個
學期報告的題目，並且在學期一開始就得將大綱擬妥。默克當時提出
鑰匙交換系統為題交出擬妥的大綱，但霍夫曼沒看得懂，發回要他重
寫。默克重寫之後，發現並沒有比較容易懂。如此兩個回合之後，結
局當然是默克退選了那門課，而霍夫曼就這樣白白地丟失了在一個偉
大發現上冠上自己大名的良好機會。否則的話，我們看到的有可能是
默克─霍夫曼鑰匙交換系統，而不是迪菲─赫爾曼鑰匙交換系統。

　　雖然如此，默克還是繼續思考那個問題，最後終於解決了但完成後一直到論文登出卻歷時有五年之久，可謂好事多磨也[10]。論文題之為：不安全頻道上的安全通訊 [34]。

　　當赫爾曼正在研發他的鑰匙交換方法時，迪菲也正想著一套完全不同的方法來解決鑰匙發送問題。那時迪菲除了照顧、看守麥卡錫的房子外，同時也繼續思考[11]上面所提的兩個問題。一方面把他認為很難的問題丟到他的密碼術問題聚寶盆裡等以後再想，另一方面他想到利用一個稱為 IFF 的古典密碼術問題來製造一個安全的密碼系統。IFF 就是 Identification Friend or Foe 的縮寫，現代密碼學巨人霍斯特・懷斯帖 (Horst Feistel) 用來衡量一個密碼系統強度的標準。其實這就是第二講所提到的，用選擇明文攻擊法來鑑定一部飛機是友是敵的實例。

　　單向函數的觀念也湧現在他心頭，忽然間好像數位簽名有眉目了。當你判斷是友是敵的時候，你所比較的是加密過的信息，你不用將密文破解。這似乎有一點認證的味道。所以，你若擁有一個單向函數，你要在一份文件上簽名，你就用不公開的（解密）鑰匙來完成簽名的動作。任何其他的人，可透過你公開的（加密）鑰匙將其還原成先前的文件，就知道這就是你簽名過的文件。

　　　　簽過名，但不留一絲絲痕跡。

難以複製的部分彰顯在單向函數的逆方向,而不是字面上複製的意思。

---

[10] 此論文之歷史，見 http://www.itas.fzk.de/mahp/weber/merkle.htm#contents。

[11] 在 1975 年間，有一次他極度沮喪地告訴太太瑪麗・費雪 (Mary Fisher)，說：他是個沒有用的科學家，一輩子一事無成，甚至叫她另尋良人。瑪麗安慰他說：她對他有絕對的信心。兩個禮拜後，迪菲終於想出一個真正偉大的構想。見賽門・辛《碼書》[47] 的介紹（劉燕芬中文譯本，商務出版社）。

反過來卻是一套天生的密碼系統；因為加密鑰匙是公開的，所以沒有鑰匙發送的問題，而且順理成章就稱之為公鑰密碼系統。令人難以置信的是，看似毫無關聯的兩個問題卻俯首稱臣於公鑰密碼系統之下，可謂一箭雙鵰也。而這也解決了在迪菲腦後搔癢了九年、十年的問題。這發生在 1975 年五月天的一個清晨❷。王荊公有云：

「看似平常最奇絕，成如容易卻艱難。」

應該可以稍稍描繪出迪菲當時的心境。

8.6 皇天不負苦心人

那時候是晌午，還得等好幾個小時，他太太瑪麗工作才會回來。瑪麗回憶道：「惠特菲爾德在門外等著我，他說有事情告訴我。他的表情很滑稽。我走進去，他說：『坐下，我有話跟你說；我相信我有一個偉大的發現，我知道我是第一個想出的人。』那一刻，世界靜止了，我覺得我好像活在好萊塢影片裡。」

迪菲跟他太太講完後，就走下坡去告訴赫爾曼且花了 45 分鐘的時間解釋並說服他相信這是真的；但由於沒有單向函數的實例，迪菲只能試圖說服他應可以做出一些東西。剛好赫爾曼有電機電子工程師學會 (IEEE) 的資訊理論期刊 *Transactions* 主編吉姆‧麥錫 (Jim Massey) 的寫稿邀請函，於是乎二人就聯手在這主題上開始工作 [10]。

---

❷他還記得這個主意如何閃進他的腦海，然後又差點消逝：「我下樓去拿可樂時，幾乎忘了這個構想。我記得剛剛還在想著什麼很有意思的東西，卻想不太起來到底是什麼，然後又突然隨著一股腎上腺素衝了回來。這是我在密碼學的工作歲月裡，第一次感覺到自己想出了真正有價值的東西；而之前所想出的任何相關的主意，都只是一些技術性的小東西而已。」

然而，他們二人立即的反應是建造可行的公鑰密碼系統 (Public Key Cryptosystem) 之問題可能相當困難；絕無可能單靠他們二人的力量就可征服。與其一頭栽進去問題當中，不如先跳到前面投石問路一番，才是明智之舉。投下的第一顆石頭就是參加 1975 年 6 月 23–25 日電機電子工程師學會 (IEEE) 在麻州里那克斯 (Lenox, MA) 舉行的資訊理論研習會，將他們的構想發表；希望藉此，能吸引更多科學家一起尋找合宜的單向函數。一開始，大家都頗樂觀的，然而到了年底仍然沒有好消息傳出。於是，有人就懷疑，也許，此種特殊的單向函數根本就不存在。

所以他們趕緊在年底 12 月整理出一篇論文，標題為「多使用者的密碼學技巧 (Multiuser Cryptographic Techniques)」[11]；此論文，後來在 1976 年 6 月的全國電腦會議上發表。但他們完成論文之後，立即廣泛寄出論文的預訂本 (preprint)；迪菲給了布雷特曼一份，再傳至默克手上。默克看了之後才恍然大悟，原來伯樂就在此；馬上打電話給在柏克萊的迪菲，並寄了份他的論文給赫爾曼。赫爾曼再度發揮他高明偵察員的本色，馬上嗅出默克是一個非常聰明的人。於是默克從柏克萊轉到史丹佛，加入這個團隊並繼續攻讀博士學位。迪菲則認為默克乃是公鑰密碼傳奇中獨一無二最具原創性的人物，這是第二塊石頭拋出去之後所得到的寶。果真如此，那麼前面說的「投石問路」似乎寫成「拋磚引玉」才更傳神；論文是磚，而默克則是玉。

後來又有研究生史提夫・波立格 (Stephen C. Pohlig) 也加入密碼術的工作行列。如此一來，這個團隊搖身一變，變成史丹佛活躍的四人小組，繼續奔向前面的路程。那時期的結果綜括在底下這篇劃時代的論文

「密碼術的新方向 (New Directions in Cryptography)」[12]

當中，詳情可參考論文本身以及賽門・辛 (Simon Singh) 的《碼書》[47]，還有 1992 年法蘭柯・富葛 (Franco Furger) 就公鑰密碼術的發展在帕羅奧圖 (Palo Alto, CA) 訪談迪菲的實錄 [15]。

此處我們以迪菲為主體來述說公鑰密碼的傳奇；接下來讓我們先呼吸一下數論的空氣，攝取一些些養分；然後再從赫爾曼的角度來看公鑰密碼的另一面，希望對公鑰密碼有更深入的洞見。

8.7　質數檢驗妙方多

質數乃建造整數最基礎的磚塊，這是算術基本定理所彰顯出來的；其應用更是大哉廣哉，如在 [44] 我們得到不定方程式 $x^2 + y^2 = z^2$ 所有的整數解。另外在第十講的瑞沙葉演算法 (RSA Algorithm) 中，我們必須選取兩個很大的質數；此乃大質數有其實用層面上的例子。所以，如何判斷一個大整數是否為質數就變成建構瑞沙葉密碼系統的重要課題。

首先想到的就是我們所熟悉的最古老的方法，將此數除以所有比它平方根小的質數。假設我們有一個 200 位數，我們要檢驗它是否為質數。然而小於 10^{100} 的質數有 4×10^{97} 個❸，這比整個宇宙所有的粒子總數還多得多。如果電腦每秒可以處理 10^{10} 個運算，那要除 10^{97} 個質數則要花將近 10^{80} 年，這看起來似乎有點遙遙無期。

在此我們先提出隱藏在許多質數檢驗 (Primality Testing) 與因數分解背後的基本觀念。

---

❸質數定理告訴我們：小於或等於 x 的質數個數差不多有 $x/\ln x$ 個。當 $x = 10^{100}$ 時，此數 $\approx 4.34294 \cdot 10^{97}$。

因數基本原理

令 n 為整數。若存在二整數 x, y 使得 $x^2 \equiv y^2 \pmod{n}$ 但 $x \not\equiv \pm y$ $\pmod{n}$，則 n 為合成數且 $\gcd(x-y, n)$ 為 n 的真因子。

證明　令 $d = \gcd(x-y, n)$，則 $d \mid (x-y)$。欲證 d 是 n 的真因子，也就是證明 $1 \underset{\neq}{<} d \underset{\neq}{<} n$。理所當然，利用反證法如下所示：

(a)先證 $d \neq n$：若 $d = n$，那麼 $n \mid (x-y) \Rightarrow x \equiv y \pmod{n}$；這是假設條件所不允許的。

(b)次證 $d \neq 1$：若 $d = 1$，亦即 n 與 $x-y$ 互質，又因 n 整除 $x^2 - y^2$；故 n 整除 $x+y$，也就是 $x \equiv -y \pmod{n}$，這也是假設條件所禁止的。

● 例題 8.1

因為 $10^2 \equiv 3^2 \pmod{91}$，但 $10 \not\equiv \pm 3 \pmod{91}$，所以 91 為合成數而且 $\gcd(10 - 3, 91) = 7$ 為 91 的一個真因子。

在上面提到的最古老的方法中，因數分解與質數檢驗是同一件事情。但奇怪的是，實際上因數分解與質數檢驗是完全不同的兩回事；這是要離開古老邁向現代所必須經歷的心理上的適應。一般說來，要證明一個數是合成數遠比去分解這個數來得容易多了。我們知道許多大的合成數，但卻不知道其分解式。在第六講第三節，已指出到底是怎麼回事？而且也看了一個 45 位數的例子，當下再看一個簡單無比的例子，讓你回味回味。據費馬小定理，得知：若 $2^{p-1} \not\equiv 1 \pmod{p}$ 則 p 不是質數。在模 91 之下，將 2 連續平方，得 $2^4 \equiv 16$, $2^8 \equiv 256 \equiv -17$ $\pmod{91}$

$$\Rightarrow 2^{16} \equiv 289 \equiv 16, \ 2^{32} \equiv 256 \equiv -17 \quad (\bmod\, 91)$$

$$\Rightarrow 2^{64} \equiv 289 \equiv 16 \quad (\bmod\, 91)$$

$$\Rightarrow 2^{90} = 2^{64+16+8+2} \equiv 16^2 \cdot (-17) \cdot 4 \equiv 64 \not\equiv 1 \quad (\bmod\, 91)\text{。}$$

所以雖然沒去分解 91，卻由費馬小定理得知，91 不是一個質數。

　　此法之推廣，已在第七講第四節指出，並敘述成合成數檢驗法的形式。現在寫成質數檢驗法的形式，將名字對調稱為米勒─拉賓 (Miller-Rabin) 質數檢驗法；這是拉賓❶將米勒❶在 1976 年的質數檢驗法改良而成。雖是非定性，但速度之快成為目前實作上最常用的質數檢驗法。

▲ 拉賓 (Rabin)
出處：wikipedia

▲ 左為米勒 (Miller)
出處：David Eppstein

❶麥可・O・拉賓（Michael Oser Rabin，1931 年 9 月 1 日生），以色列計算機科學家，1976 年圖靈獎得主。拉賓出生於德國布雷斯勞（二戰後成為波蘭弗羅茨瓦夫），父親是一個拉比。1953 年畢業於希伯來大學，1956 年獲普林斯頓大學博士學位。

❶蓋瑞・李・米勒 (Gary Lee Miller) 是卡內基美隆大學 (Carnegie Mellon University) 電腦系教授。2002 年被選為計算機協會 (ACM) 院士，2003 年與另三人一同獲得計算機協會的 Paris Kanellakis 獎，並在 2012 年獲得高德納獎。

除非有更快速的定性演算法出現[16]，否則米勒—拉賓質數檢驗法還是所有方法中之首選。

米勒—拉賓質數檢驗法

令 n 為大於 1 的奇數。

⑴將 $n-1$ 寫成：$n-1=2^k \cdot m$，此處 m 為奇數。

⑵隨機選取一介於 1 與 $n-1$ 之間的整數 a，並計算 $b_0 \equiv a^m \pmod{n}$。

⑶若 $b_0 \equiv \pm 1 \pmod{n}$，則停止並宣稱 n 可能為質數。

　否則，計算 $b_1 \equiv b_0^2 \pmod{n}$。

⑷若 $b_1 \equiv 1 \pmod{n}$，則 n 為合成數且有因數 $\gcd(b_0-1, n)$。

　若 $b_1 \equiv -1 \pmod{n}$，則停止並宣稱 n 可能為質數。

　否則的話，計算 $b_2 \equiv b_1^2 \pmod{n}$。

⑸若 $b_2 \equiv 1 \pmod{n}$，則 n 為合成數且有因數 $\gcd(b_1-1, n)$。

　若 $b_2 \equiv -1 \pmod{n}$，則停止並宣稱 n 可能為質數。

　否則的話，計算 $b_3 \equiv b_2^2 \pmod{n}$。

⑹重複上述步驟直到停止或直到 b_{k-1}。

　若 $b_{k-1} \not\equiv -1 \pmod{n}$，則 n 為合成數。

---

[16] 在 2002 年 8 月有一重大突破；由 Kanpur 印度理工 (Indian Institute o Technology Kanpur) 的 Manindra Agrawal, Neeraj Kayal 及 Nitin Saxena 提出了一個確定性的演算法，可在多項式時間內完成 [1]；可惜速度上還是差了一大截。

◉例題 8.2

令 $n = 561$，則 $n - 1 = 2^4 \cdot 35$。選取 $a = 2$，計算 b_i 如下：

$$b_0 \equiv 2^{35} \equiv 263 \quad (\bmod\, 561)$$
$$b_1 \equiv b_0^2 \equiv 166 \quad (\bmod\, 561)$$
$$b_2 \equiv b_1^2 \equiv 67 \quad (\bmod\, 561)$$
$$b_3 \equiv b_2^2 \equiv 1 \quad (\bmod\, 561)$$

因為 $b_2 \not\equiv -1$，所以 n 為合成數，且其真因子為 $\gcd(b_2 - 1, 561) = 33$。

定義

令 $a, n \in \mathbb{N}$。滿足 $a^{n-1} \equiv 1 \,(\bmod\, n)$ 的合成數 n，稱之為底 a 的擬質數 (pseudo-prime for the base a)。底 a 的擬質數 n 若通過米勒─拉賓質數檢驗，就稱為底 a 的強擬質數 (strong pseudo-prime for the base a)。

◉例題 8.3

令 $n = 561$，則 $n = 3 \cdot 11 \cdot 17$。這個數在第六講第四節末了的地方就出現過了，實際上是最小的卡麥克數；因此對任意的正整數 a，恆有 $a^{n-1} \equiv 1 \,(\bmod\, 561)$。換句話說，561 乃是以任意正整數 a 為底的擬質數。若你跳過那一節的話，我們就以 $a = 2$ 為例，再一次論證 561 是底 2 的擬質數。費馬小定理告訴我們

$$2^2 \equiv 1 \quad (\bmod\, 3), \ 2^{10} \equiv 1 \quad (\bmod\, 11), \ 2^{16} \equiv 1 \quad (\bmod\, 17)$$

所以我們有 $2^{560} = (2^2)^{280} \equiv 1 \,(\bmod\, 3)$，$2^{560} = (2^{10})^{56} \equiv 1 \,(\bmod\, 11)$，$2^{560} = (a^{16})^{35} \equiv 1 \,(\bmod\, 17)$。因此得到

$$3 \cdot 11 \cdot 17 \mid (2^{560} - 1) \Rightarrow 561 \mid (2^{560} - 1) \Rightarrow 2^{560} \equiv 1 \quad (\bmod\, 561)$$

故 561 為底 2 的擬質數，但不是底 2 的強擬質數（例題 8.2）。

　　在第七講的第四節我們也指出一個事實：若 n 是奇合成數，則至少有 75% 介於 1 及 $n-1$ 間的 a 值扮演著拉賓－米勒見證人。將此事實改為質數檢驗法的版本變成：對隨機選取的正整數 a，米勒－拉賓質數檢驗法的失敗率最多是 $\frac{1}{4}$。實際上，其失敗率遠比此數小[17]。如果我們重複此檢驗 10 次，也就是隨機選取 10 個相異的 a 值來檢驗，則我們期望判定合成數 n 為質數的機率便降低至最多 $(1/4)^{10} \approx 10^{-6}$。在實作上，用單一的 a 來檢驗還算相當正確。

　　假設我們需要尋找一個大約 100 位數大的質數。質數定理告訴我們：小於或等於 x 的質數個數差不多有 $1/\ln x$ 個，所以質數的密度大約是 $1/\ln x$。當 $x = 10^{100}$ 時，此數為 $1/\ln(10^{100}) \approx 1/230$。因為我們可跳過偶數，所以此數可提高至 $1/115$。

　　隨意挑個起始點，剔除偶數及可被小質數整除的點。依序用米勒－拉賓來檢驗剩下的每一個數的不可分解性。這將傾向於剔除所有的合成數。平均來說，使用米勒－拉賓檢驗法不到 100 次即可得到一個可能的質數，故很快的就可達成尋找大質數的任務。如果需要完全確認此數的不可分解性，那麼可採用其他更細緻的質數檢驗法，在幾秒鐘之內就能檢驗出一個百位數的不可分解性。

【為什麼這個檢驗法行得通呢？】

　　假設說 $b_3 \equiv 1 \pmod{n}$。這意味著 $b_2^2 \equiv 1^2 \pmod{n}$。應用上面的因數基本原理得到 $b_2 \equiv \pm 1 \pmod{n}$ 或是 $b_2 \not\equiv \pm 1 \pmod{n}$ 且 n 為合成數。

---

[17] 請參閱 Damgård, I./Landrock, P./Pomerance, C.: "Average Case Error Estimates for the Strong Probable Prime Test," *Mathematics of Computation* 61 (1993), 177–194.

前一種情況中，此演算法有可能在之前的一個步驟就已經結束了。如果一直熬到 b_{k-1}，那我們已經算好 $b_{k-1} \equiv a^{(n-1)/2} \pmod{n}$。此數的平方為 $a^{n-1} \pmod{n}$，而如果 n 為質數，費馬小定理告訴我們這必定是 1 $\pmod{n}$。因此，若 n 為質數，$b_{k-1} \equiv \pm 1 \pmod{n}$。所有其他的值意味著 n 是合成數。再者，如果 $b_{k-1} \equiv 1 \pmod{n}$ 而且在早先的步驟中尚未結束，則 $b_{k-1}^2 \equiv 1^2 \pmod{n}$ 且 $b_{k-1} \not\equiv \pm 1 \pmod{n}$。因此得到 n 為合成數而且我們可以將其分解。

在實作上，若 n 是合成數，通常會熬到 b_{k-1} 且 $b_{k-1} \not\equiv \pm 1 \pmod{n}$。事實上，通常 $a^{n-1} \not\equiv 1 \pmod{n}$。這告訴我們費馬小定理不成立，所以 n 不是質數。

◉例題 8.4

令 $n = 299$ 且令 $a = 2$。因為 $2^{298} \equiv 140 \pmod{299}$，費馬小定理及米勒─拉賓檢驗法都告訴我們 299 不是質數（沒有將其分解）。之所以如此，其理由如下。注意 $299 = 13 \cdot 23$。一些簡單的心算告訴我們 $2^{12} \equiv 1 \pmod{13}$ 而且沒有更小的次冪會得到 1。事實上，

$$2^j \equiv 1 \pmod{13} \Leftrightarrow 12 \mid j$$

因為 $12 \nmid 298 \Rightarrow 2^{298} \not\equiv 1 \pmod{13}$，所以 $2^{298} \not\equiv 1 \pmod{299}$。同樣地，

$$2^j \equiv 1 \pmod{23} \Leftrightarrow 11 \mid j$$

由此再一次得知 $2^{298} \not\equiv 1 \pmod{299}$。倘若在這一種情況之下，費馬小定理（及米勒─拉賓檢驗法）給了我們錯誤的答案，那就必須要有 $13 \cdot 23 - 1$ 是 $12 \cdot 11$ 的倍數。

考慮一般兩個質數乘積的情況，$n = pq$。簡單起見，我們僅考慮 $p > q$ 的情況且假設 $a^k \equiv 1 \pmod{p} \Leftrightarrow k \equiv 0 \pmod{p-1}$，亦即 a 為模 p 的一個原根（總共有 $\varphi(p-1)$ 個此種 a）。因 $0 < q-1 < p-1$，我們有

$$n - 1 = pq - 1 = q(p-1) + q - 1 \not\equiv 0 \pmod{p-1}$$

由 a 的性質得知 $a^{n-1} \not\equiv 1 \pmod{p}$，故 $a^{n-1} \not\equiv 1 \pmod{n}$。同樣的理由可證明：對許多其他選擇的 a 值，通常也會有 $a^{n-1} \not\equiv 1 \pmod{n}$。

反過來呢？那又如何？假設我們所處的情況是 $a^{n-1} \equiv 1 \pmod{n}$。看看前面 $n = 561$ 的例子。

● 例題 8.5

因為 $561 = 3 \times 11 \times 17$，我們考慮序列 b_0, b_1, b_2, b_3 在模 3，模 11 及模 17 之下會發生何事：

$$b_0 \equiv -1 \pmod{3}, \equiv -1 \pmod{11}, \equiv 8 \pmod{17}$$
$$b_1 \equiv 1 \pmod{3}, \equiv 1 \pmod{11}, \equiv -4 \pmod{17}$$
$$b_2 \equiv 1 \pmod{3}, \equiv 1 \pmod{11}, \equiv -1 \pmod{17}$$
$$b_3 \equiv 1 \pmod{3}, \equiv 1 \pmod{11}, \equiv 1 \pmod{17}$$

因為 $b_3 \equiv 1 \pmod{561}$，所以在每一個質數模之下我們有 $b_2^2 \equiv b_3 \equiv 1$。但在各別的質數模之下，沒有理由 b_3 會是第一個與 1 同餘的 b_i。在模 3 及模 11 之下，b_1 就已經跟 1 同餘了；但在模 17 之下，我們得等到 b_3 才會跟 1 同餘。因此在模 3，模 11 及模 17 之下 $b_2^2 \equiv b_3 \equiv 1$，但 b_2 僅在模 3 及模 11 之下與 1 同餘。故 $b_2 - 1$ 包含 3 及 11 兩因子，但沒有 17。這是為什麼在 $\gcd(b_2 - 1, 561)$ 中找到了 561 的因子 33。所以透過

這個方法我們可分解 561 的理由為序列 $b_0, b_1, \cdots$ 在不同的模之下，不同時抵達 1。

更一般而言，考慮兩個質數乘積的情形 $n = pq$（超過兩個質數與此相仿）並假設 $a^{n-1} \equiv 1 \pmod{n}$。如上所指出者，不太可能會是這種情況；但如果確實發生了，那就看看在模 p 跟模 q 之下何時發生。有可能序列 $b_i \pmod{p}$ 與 $b_i \pmod{q}$ 在不同的時間抵達 -1 然後 1，恰恰好跟上面 561 的例子一樣。在這種情況下，對某一個 i，將會有 $b_i \equiv -1 \pmod{p}$ 但 $b_i \equiv 1 \pmod{q}$，因而 $b_i^2 \equiv 1 \pmod{n}$ 但 $b_i \not\equiv \pm 1 \pmod{n}$。故能將整數 n 予以分解。整數 n 通過米勒—拉賓質數檢驗的唯一法門是滿足同餘式 $a^{n-1} \equiv 1 \pmod{n}$ 且序列 $b_i \pmod{p}$ 與 $b_i \pmod{q}$ 也都在同一時間抵達 1。這碰到的機會很少。

第九講

柳暗花明又一村—上帝疼愛憨厚人

1976 年春，迪菲、赫爾曼和默克在密碼界引發了一場革命；他們說服了人們相信鑰匙發送問題有解決的辦法，他們建造了鑰匙交換系統。這樣的系統雖然可行，卻不夠完美；現在且讓我們從赫爾曼的觀點繼續述說公鑰密碼的傳奇。

9.1　傻勁執著真智慧

赫爾曼在 2013 年 1 月 31 日史丹佛大學工程英雄講座❶(Stanford Engineering Hero Lecture) 中提到，他於 70 年代初開始在密碼學工作時；幾乎所有的同事異口同聲地告訴他，別瘋了！你怎可能與美國國家安全局 (NSA) 和其巨大的預算競爭。他們還警告說，即使你真能做出一些突破有價值的東西，NSA 也會將其列入機密。但赫爾曼說，事後看來，這是明智的，他做的乃是「傻瓜的差事。」同樣的觀點，也出現在 2002 年 5 月份《IEEE 通訊雜誌》五十週年紀念特刊 [21] 重新刊出他在 1978 年寫的《公鑰密碼鳥瞰》一文上作者介紹序言的起頭。

當默克從柏克萊轉到史丹佛，加入他與迪菲團隊並繼續攻讀博士學位時，赫爾曼說：「默克跟我們一樣願意當傻瓜。進行原創性的研究時，想爬上頂端就必須當傻瓜，因為只有傻瓜才會持續不斷地嘗試。當你有第一個構想，你非常興奮，可惜卻行不通。接著你有第二個構

---

❶ 請觀看 YouTube 上演講的全程 http://www.youtube.com/watch?v=XDgLDsUU7og，其標題為 The Wisdom of Foolishness。

想，你非常興奮，可惜也是行不通。然後你有第十九個構想，你非常興奮，但還是行不通。只有傻瓜才會為著第二十個構想，依舊興奮不已，然而說不定就在思索這第二十個構想的當下，靈感在不知不覺中就來了，解決之道也隨之而來。你若不夠傻，就不會不斷為新的構想興奮，你就不會有那股不知名動機，更不會有那源源不絕的動力繼續下去。上帝會獎賞傻瓜的 (God rewards fools)。」

　　鑰匙發送問題，迪菲在原先的論證中列為「不可能的任務」；但問題是鑰匙發送這個動作，真的無法省下來嗎？兩千年來，這被視為密碼學的公理，一個無從爭議的真理。可是，迪菲跟赫爾曼想到了一個有趣的小故事，似乎打破了這個公理。

9.2　小小故事大啟示

　　假設三毛和四郎生活在一個郵政系統非常不道德的地方，郵差會閱讀任何沒有保護的信件。有天，三毛想送一極其私密的訊息給四郎。她把寫好的訊息放進一個鐵盒子，蓋起來並加上一道鎖。她把上了鎖的鐵盒子透過郵局給四郎，鑰匙就自己保管；當然四郎收到後無法打開盒子，因為沒有鑰匙。三毛可能會想到，只要如法炮製將鑰匙放進第二個盒子透過郵局寄給四郎。然而，問題依舊，沒有第二個盒子的鑰匙，四郎就拿不到第一個盒子的鑰匙。要解決這個問題的唯一辦法似乎是：三毛約四郎到 Starbucks 喝咖啡時將鑰匙交給他。如此一來，實際上我們只是換個腳本重述那老掉牙的問題而已；難怪迪菲長久以來把這個問題列為「不可能的任務」，有他一定的道理。

　　問題就出在三毛的那把鑰匙,而我們老是把焦點放在那把鑰匙上，這其實就是死胡同。如何讓死胡同變成活巷弄呢？唯一的方法就是轉移焦點，徹徹底底的忘掉三毛的那把鑰匙。當你把焦點轉移到四郎身

上的時候，你會問：為什麼四郎不能擁有自己的一把鑰匙呢？所以這看起來好像是四郎「將」三毛一「軍」或像是以毒攻毒呢？聰明的你一想便知。

所以問題解決之道就是：四郎將三毛寄來的盒子，不僅不打開，反而加上另外一道獨立的鎖，再透過郵局寄回給三毛，鑰匙當然是四郎自個兒保管。三毛收到寄回來的盒子時，有兩道鎖在上面；她用自己的鑰匙解除她上的鎖，再把盒子寄給四郎。現在四郎毫無困難地可以打開這個盒子，因為是他鎖上的，只有他有開鎖的鑰匙。

這個小故事顯示出，鑰匙發送這個動作，不見得是無法省略的。我們若以密碼學的角度重述這個故事，那就變成：三毛用她自己的鑰匙加密一訊息給四郎，四郎用他自己的鑰匙再加密一次後，又送回去給三毛。三毛收到這雙重加密的訊息時，先解開自己的加密，再送回去給四郎。四郎收到後解開自己的加密，即可閱讀三毛原先送的訊息了。

看來，鑰匙發送問題已經解決了，因為這個雙重加密的點子不需要交換鑰匙。然而，故事歸故事；在實作上，果真如此？這還得謹慎小心的驗證一番！聰明的你認為呢？

● 例題 9.1

依據模 26 之下的凱撒密碼，三毛用她自己的鑰匙 7 加密一訊息 "topsecret" 給四郎，四郎接到的訊息為 "AVWZLJYLA"；然後用他自己的鑰匙 11 再加密一次變成 "LGHKWUJWL" 後，又送回去給三毛。三毛收到這雙重加密後的訊息時，先解開自己的加密變成 "EZADPNCPE"，再送回去給四郎。四郎收到後解開自己的加密，得到的果真就是三毛原先送的訊息 "TOPSECRET"。

●例題 9.2

依據模 26 之下的仿射密碼，三毛用她自己的鑰匙 (7, 11) 加密一訊息 "topsecret" 給四郎，四郎接到的訊息為 "OFMHNZANO"；然後用他自己的鑰匙 (5, 2) 再加密一次變成 "UBKLPXCPU" 後，又送回去給三毛。三毛收到這雙重加密後的訊息時，先解開自己的加密變成 "FGLAIYVIF"（例題 3.2 告訴我們其解密鑰匙為 (15, 17)），再送回去給四郎。四郎收到後解開自己的加密（其解密鑰匙為 (21, 10)），得到的卻是 "LGHKWUJWL"，這不是三毛原先送的訊息。

　　上面的例子告訴我們，這個系統「三毛加密，四郎加密，三毛解密，四郎解密」的穩定性有問題；第一個例子非常順暢，但在第二個例子中就行不通了。到底什麼地方出了問題呢？讓我們回到數學函數的層面來看看到底怎麼一回事！聰明的你有甚麼其他想法呢？

9.3　鞋襪原理不可輕

　　加解密的動作其實就是函數的對應關係，所以動作之間的結合實際上就是函數之間的合成。

●例題 9.1′

上面第一個例子，三毛的加解密函數分別是

$$f_3(x) = x + 7 \quad (\mathrm{mod}\, 26) \text{ 與 } f_3^{-1}(x) = x - 7 \quad (\mathrm{mod}\, 26)$$

而四郎的加解密函數分別是

$$f_4(x) = x + 11 \quad (\mathrm{mod}\, 26) \text{ 與 } f_4^{-1}(x) = x - 11 \quad (\mathrm{mod}\, 26)$$

系統當中的「三毛加密，四郎加密，三毛解密，四郎解密」就是計算底下四個函數的合成函數 $f_4^{-1} \circ f_3^{-1} \circ f_4 \circ f_3$; 計算之得

$$\begin{aligned}
f_4^{-1} \circ f_3^{-1} \circ f_4 \circ f_3(x) &= f_4^{-1} \circ f_3^{-1} \circ f_4(x+7) \\
&= f_4^{-1} \circ f_3^{-1}((x+7)+11) \\
&= f_4^{-1} \circ f_3^{-1}(x+18) \\
&= f_4^{-1}((x+18)-7) \\
&= f_4^{-1}(x+11) \\
&= (x+11)-11 \\
&= x \pmod{26}
\end{aligned}$$

如上所計算的，就是原本的信息。不難看出，位移函數的合成；次序對調不會影響最後的結果，因此上面第一個例子暢通無阻。

●例題 9.2′

上面第二個例子，三毛的加解密函數分別是

$$f_3(x) = 7x + 11 \quad (\mathrm{mod}\ 26) \text{ 與 } f_3^{-1}(x) = 15x + 17 \quad (\mathrm{mod}\ 26)$$

而四郎的加解密函數分別是

$$f_4(x) = 5x + 2 \quad (\mathrm{mod}\ 26) \text{ 與 } f_4^{-1}(x) = 21x + 10 \quad (\mathrm{mod}\ 26)$$

系統當中的「三毛加密，四郎加密，三毛解密，四郎解密」就是計算底下四個函數的合成函數 $f_4^{-1} \circ f_3^{-1} \circ f_4 \circ f_3$; 計算之得

$$f_4^{-1} \circ f_3^{-1} \circ f_4 \circ f_3(x) = f_4^{-1} \circ f_3^{-1} \circ f_4(7x+11)$$
$$= f_4^{-1} \circ f_3^{-1}(5(7x+11)+2)$$
$$= f_4^{-1} \circ f_3^{-1}(9x+5)$$
$$= f_4^{-1}(15(9x+5)+17)$$
$$= f_4^{-1}(5x+14)$$
$$= 21(5x+14)+10$$
$$= x+18 \ (\mathrm{mod}\ 26)$$

這告訴我們，不會是原本的信息；而是往右位移 18 個（或往左移 8 個）位置之後的結果，如上所計算的。注意到其順序是重要的，若顛倒解密的順序，四郎先解密後三毛才解密；也就是遵守「後上，先下」的格言，那結果就會是原本的信息。

　　其實說穿了，這「後上，先下」的原則就是鞋襪原理。若放在更廣的範圍，我們可考慮擁有二元運算 ∗ 稱之為群的代數結構 $(G, *)$ 裡❷；兩個元素 a 與 b 運算後的反元素 $(a*b)^{-1}$ 就是

$$(a*b)^{-1} = b^{-1} * a^{-1} \tag{9.1}$$

若 a 是穿鞋而 b 是穿襪，那麼 a^{-1} 與 b^{-1} 分別是脫鞋與脫襪。仿照函數合成先右後左，先穿襪再穿鞋就是 $a*b$；將此脫掉就是 $(a*b)^{-1}$，這當然得先脫鞋然後才能脫襪。也就是說，(9.1) 式成立。

---

❷一般而言，集合 G 上的二元運算 ∗，若滿足 $(a*b)*c=a*(b*c), \forall a, b, c \in G$ 且存在 e 稱為單位元素滿足 $a*e=e*a=a, \forall a \in G$，又每一元素 a 都有反元素 $a^{-1} \in G$ 滿足 $a*a^{-1}=a^{-1}*a=e$，我們就說 G 在運算 ∗ 之下形成一個群或說 $(G, *)$ 是一個群。

如果順序那麼重要，為什麼上面小故事中，一切都暢通無阻呢？答案是順序對加上鎖來說一點也不重要，你大可加上十道鎖，然後隨你高興的順序將鎖解開，最後一定都能打開盒子。

9.4　鑰匙交換迪赫默

　　儘管上面的方法，在實作上無法應用到密碼術上；迪菲跟赫爾曼依舊能從其中吸取靈感,尋找實際可行的方法來規避鑰匙發送的問題。他們花了一個禮拜又一個禮拜的時間，希望能找到解決的方法。儘管每個構想最後都證實行不通，他們仍然傻勁十足，執著不肯放棄。他們研究的重心就是檢驗各類數學函數，並將焦點放在前面提過的單向函數上。日常生活的動作最能描述單向函數的概念有：把黃色顏料和藍色顏料調和後成為綠色顏料，這是單向函數，因為無法再分辨原來的兩種顏料。另一個例子是敲破蛋——蛋破後無法使之恢復原狀。因此，單向函數有時也被稱為「破鏡重圓」函數。

　　所以，他們的腦子裡充滿了各式各樣的函數；在試試這、試試那、東試試、西試試當中，「模（算）術」理所當然會成為他們實驗室裡的白老鼠。模術世界中，指數函數有不按牌理出牌的傾向，挺有實力足以進入單向函數的候選名單裡。

　　先觀察一下下在模 11 之下 2 的次冪：在自然數界中,2^x 隨著 x 急速增長；因此從函數值反求 x 值，易如反掌。如函數值是 65536，你可能猜 $x = 15$；結果一算是 32768，猜錯了而且知道所猜的 x 值太小了，改為大一點點的數值 16，就得到正確的答案了。簡而言之，即使猜錯了，還是可以得到指引、調整腳步，知道往哪一個方向可以得到正確的答案。

　　然而模 11 之後，那可是有上有下、飄忽不定、難以捉摸。如此一來，除了猜測之外，可以做的事情還是猜測；你得不到任何的線索，也沒有任何的指引，你不知如何調整你的方向邁向成功的道路。

x	1	2	3	4	5	6	7	8	9	10
2^x 自然數界中	2	4	8	16	32	64	128	256	512	1024
2^x (mod 11)	2	4	8	5	10	9	7	3	6	1

　　當然，你可能會說，我根本不用猜測；只消製作好上面的表，接下來表一查答案就出來了。這只用改個模數，譬如將 $q = 11$ 改成 $q = 65537$（這個數其實就是第一講提到的第五個費馬質數）；請問同餘式 $3^x \equiv 2 \pmod{65537}$ 中 x 的解是多少？聰明的你，可以告訴我嗎？

　　花了兩年的時間遊走在模術世界與單向函數間，赫爾曼的傻勁終於開始有所回報。1976 年春，赫爾曼就是利用上面求次冪 x 的難題[❸]再加上指數第三律；他想到了解決鑰匙交換問題的方法。

　　首先三毛和四郎協議好選取一個質數 q 如 65537 以及模 q 之下的一個原根[❹]a 如 3，接著三毛和四郎分別隨機選取各自的祕密整數 $X_1 = 1234$ 和 $X_2 = 4567$ 並保持私密；然後三毛計算 $Y_1 = a^{X_1} \pmod{q}$ 得到 45529 後公開告知四郎，而四郎則計算 $Y_2 = a^{X_2} \pmod{q}$ 得到 61956 並公開告知三毛。最後，三毛將收到的 Y_2 取 X_1 次方在模 q 之下得到的是 25303；而四郎呢則將收到的 Y_1 取 X_2 次方在模 q 之下也是得到 25303，這就可以當成二人交換得到的鑰匙。

---

❸ 解此種 x 的問題，其實就是所謂的離散對數問題；下幾講會有詳細的解說。
❹ 詳細定義，見下一講；意即模 q 之下每一個非零整數都是原根 a 的一個次冪。

如此這般神奇的，三毛和四郎分享了共同的整數 25303。當你將

$$K_{12} = Y_1^{X_2} \text{ 及 } K_{21} = Y_2^{X_1}$$

還原成 a 的次冪時，你分別得到的是

$$(a^{X_1})^{X_2} = a^{X_1 X_2} \pmod{q} \text{ 及 } (a^{X_2})^{X_1} = a^{X_2 X_1} \pmod{q}$$

這兩個數同歸於一，此乃因為 $a^{X_1 X_2} = a^{X_2 X_1}$。

又是一個「看似平常最奇絕，成如容易卻艱難」活生生的例子。赫爾曼的突破是深夜在家裡工作時得到的靈感，等他演算完後夜已深了，不好打電話告訴迪菲與默克。他必須等到隔天一大清早才能跟他兩個搭檔、夥伴分享他自己是如何從死胡同找到活巷弄的，這個世界大概就只有他倆相信鑰匙交換問題能有解決的法子。

若用上面說的不同色顏料混合調配比喻為單向函數，那此等密碼是用顏色當鑰匙；如此一來，赫爾曼的演算法就可圖解如下：

（聰明的你，姑且當一回幼稚班學生，看圖說故事一番）

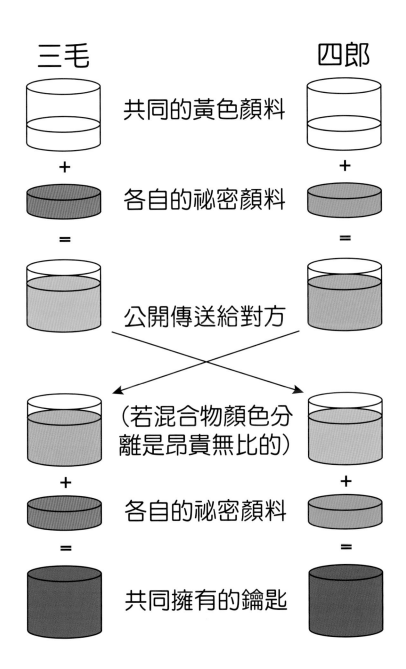

　　現在回到更前面點的小故事,到底赫爾曼如何從那得到靈感的呢? 三毛和四郎各自的祕密整數分別為 X_1 和 X_2,這就是各自的私密鑰匙; 上鎖就是從公開的模 q 之原根 a 取 X(私密鑰匙)次冪[5]得到

$$Y = a^X \quad (\bmod\ q)$$

再上鎖就是從上過鎖得到的 Y 取 Z(私密鑰匙)次冪得到

$$Y^Z = (a^X)^Z = a^{XZ} \quad (\bmod\ q)$$

所以三毛、四郎上第一道鎖分別得到

$$Y_1 = a^{X_1} \quad (\bmod\ q) \text{ 和 } Y_2 = a^{X_2} \quad (\bmod\ q)$$

接下來呢,四郎收到三毛寄來的 Y_1 後上第二道鎖得到

$$Y_1^{X_2} = (a^{X_1})^{X_2} = a^{X_1 X_2} \quad (\bmod\ q)$$

另一方面,三毛收到四郎寄來的 Y_2 後上第二道鎖得到

$$Y_2^{X_1} = (a^{X_2})^{X_1} = a^{X_2 X_1} \quad (\bmod\ q)$$

　　兩個人上鎖,誰先誰後無關緊要;因為鑰匙放在次冪的地方,與順序無關: $a^{X_1 X_2} = a^{X_2 X_1}$。所以不必像小故事中一樣,從三毛處先有一把鑰匙放入鐵盒上鎖,然後送往迎來兩個回合上鎖下鎖,最後回到四郎處下鎖取出鑰匙。最帥的是,兩把鑰匙合體之後就是所需的鑰匙;因而也就沒有解鎖問題,以及跟著來的後上先下的限制。

---

[5] 從原根 a 取 X 次冪之所以稱為上鎖,乃是仰賴離散對數問題之困難性。

　　小故事中讓死胡同變成活巷弄的關鍵是轉移焦點，徹徹底底的忘掉三毛的那把鑰匙。現在呢? 三毛壓根兒就沒有最後的鑰匙，那最後鑰匙是各自的私鑰合體後才產生的; 你說妙是不妙? 真是帥極、帥呆了。

　　前面提到過，2002 年 5 月份《IEEE 通訊雜誌》五十週年紀念特刊 [21] 重新刊出赫爾曼在 1978 年寫的《公鑰密碼鳥瞰》一文。在作者介紹序言倒數第四段特別說到，這個系統他自稱為 $ax1x2$ 系統; 一般稱為迪菲─赫爾曼鑰匙交換 (Diffie-Hellman key exchange)，只因為發表在迪菲與他的那篇《密碼術的新方向》中。他又說，此系統乃一公開鑰匙分配系統，其觀念首先是由默克發展出來的; 因此赫爾曼特別聲明，若要附加人名，應該稱為迪菲─赫爾曼─默克鑰匙交換 (Diffie-Hellman-Merkle key exchange)。

　　迪菲─赫爾曼─默克鑰匙交換機制，讓三毛和四郎可透過公開的討，建立祕密通訊的鑰匙。此乃科學史上最反直覺的發現，而所有的密碼組織也被迫必須全面改寫其加密法則。他們三人在 1976 年六月於美國全國電腦研討會上公開這個鑰匙交換機制，讓現場所有的密碼專家目瞪口呆。隔年他們也申請了專利。

　　總結一直到 1976 年 11 月，迪菲、赫爾曼和默克在密碼界引發了一場革命；他們說服了人們相信鑰匙發送問題有解決的辦法，他們建造了鑰匙交換系統。這樣的系統雖然可行，卻不夠完美；他們也提出公鑰密碼系統的構想，一個完美但還不可行的系統。

　　他們在史丹佛繼續他們的研究，努力尋找可以讓完美尚不可行的系統付諸實行的單向函數。然而在這方面，他們在《密碼術的新方向》中雖已有三個可能的候選單向函數，終究沒能突破成功。

　　贏得這場單向函數搜索競賽的是另一個三人小組，遠在五千公里外的美國東岸。他們就是麻省理工學院 (M.I.T.) 的三位學者雷諾・瑞維斯特 (Ronald Rivest)、葉迪・沙密爾 (Adi Shamir) 及李歐那德・葉德曼 (Leonard Adleman) 於 1977 年 5 月所提出來的，因而就稱為瑞沙葉演算法 (RSA Algorithm) [38]。

9.5　何方神聖瑞沙葉

　　當迪、赫二人撰寫《密碼術的新方向》期間，他倆對瑞沙葉三人是完全陌生的。奇妙的是：迪菲在史丹佛人工智慧實驗室工作時，瑞維斯特是那兒電腦系研究生；另一方面，迪菲有個同事叫駱哈・馬納 (Zohar Manna) 不久後回以色列魏茨曼研究院 (Weizmann Institute) 指導沙密爾的博士研究。至於葉德曼則是道道地地的舊金山佬，大學及研究所都在柏克萊。儘管彼此之間存在著如此近距離的連接網，然而他們彼此之間的腳蹤卻從未交會過，彼此的名字也不熟悉 [10]。

　　瑞維斯特 (Ronald Rivest) 是一個電腦科學家，對新構想有驚人的吸收力，且常將其應用在意想不到的地方。最新科學論文是他的必讀物，常從中攝取靈感。為非對稱密碼法想出一大堆怪異奇妙的單向函數，可惜都有一些漏洞。

　　葉迪‧沙密爾 (Adi Shamir) 也是一個電腦科學家，有閃電般的敏捷智能，可以穿越外層雜亂的偽裝，直逼問題的核心。他也不時冒出一些建構非對稱密碼法的點子，可惜總是有缺陷。

　　李歐那德‧葉德曼 (Leonard Adleman) 是數學家，有驚人的元氣、活力與耐心。在 1976 年，他終於完成了標題為「計算複雜度的數論面向 (Number Theoretic Aspects of Computational Complexities)」的論文；得到了博士學位，也馬上接到麻省理工學院助理教授的聘書。無巧不成書，他隔壁辦公室正是瑞維斯特；這是座落在麻省理工學院電腦科學實驗室八樓，沙密爾的辦公室當然也在這兒。

　　那年秋天，老瑞緊緊地握著那篇《密碼術的新方向》對老葉說道：「史丹佛這些傢伙真是……。」講說介紹一番之後，他嚴肅地宣稱若能領先找到單向函數，必能領先群雄創造出實際可運作的公鑰密碼系統。此構想本身絕對是值得花時間下去經營的，但尋找真正的單向函數，又似乎是一件挺艱難的工作。

　　然而從西岸史丹佛那些傢伙的傻勁卻無聲無息地傳到了東岸的麻省理工，悄悄地進入了瑞維斯特，也進入了沙密爾，他是老瑞此舉死忠的支持者也是老瑞系上的同事。倒是葉德曼顯得冷冰冰的，沒一絲絲的興奮感；甚至認為那構想既不實際也不值得投下時間。不過，當瑞、沙二人提出各式各樣點子試圖建造合用的單向函數及其對應的公鑰密碼系統時，老葉才同意幫他倆一一測試並試著將其建立好的系統破解，免得他們在錯誤方向上浪費時間。

　　瑞、沙二人前前後後共提出了 42 個不同的新點子；而老葉也花了許多的時間，將這些新點子一一否決掉。這個三人小組是有點洩氣了。然而他們卻仍沒有意識到，此種持續失敗的過程，其實是研究工作必經歷的一部分。最後，終於在 1977 年 4 月天的一個夜晚，因為睡不著

覺，瑞維斯特躺在長沙發上翻閱一本數學教科書作水平思考。忽然間，妙發靈機腦海中；當下提筆抓住那瞬間寫下他的構想，在天亮之前完成了一篇論文。這突破誕生在老瑞的腦中，但孕育自他跟沙、葉二人的合作，缺任何一人，不可能有這突破。因此寫好論文之後，就理所當然地按字母順序列上作者名字為：葉德曼、瑞維斯特、沙密爾。

　　隔天一早，老瑞將完成的論文交給老葉，而老葉也預備如往常一樣把他所建構的密碼系統破解。但這次卻找不出一絲絲的破綻，唯一可挑的骨頭是作者欄上他的名字不應該擺上去，因為不是他想出的。所以他就對老瑞抗議說將他的名字拿掉，因為這是老瑞完成的作品。但老瑞堅持，勸說一番後，同意老葉回家考慮一個晚上。那晚老葉心想，這是他貢獻不多的一篇論文，但往後幾年他需要有更亮麗的履歷表確保贏得終身職，……；另一方面，他也的確絞盡腦汁破解了 42 個瑞沙密碼，因此他排在第三位乃合情合理之事。於是乎，老葉隔天就建議將他的名字擺在第三位；所以變成 RSA（瑞沙葉），而非原先的 ARS（葉瑞沙）。

▲ 由左至右：沙密爾、瑞維斯特、葉德曼

9.6　一夕成名千古難

在上一講開始時，我們品嚐過近代密碼「世紀大餐」的開胃菜，所品嚐的就是這一道瑞沙葉。經過饕客馬丁・加德納的介紹，瑞沙葉一夕之間成名；這當然是始料未及，也著實令葉德曼驚訝萬分。信件如排山倒海般地湧入，而國家安全局 (NSA) 表示擔心這看似牢不可破密碼的發表可能對國家安全有潛在性的危險。有關出版自由與國家安全的議題，請參考史蒂芬・列維 (Steven Levy) 的《密碼》(*Crypto*) [33] 一書；此書所敘述的乃是密碼學最近三、四十年的歷史，其中包括公鑰密碼以及赫爾曼為了維護他團隊自由出版密碼研究論文與 NSA 之間戰爭的奮鬥史。

後來瑞沙葉他們也申請了專利歸在麻省理工名下，且在 1983 年於加州紅木城 (Redwood, California) 成立了一家稱為瑞沙葉數據安全 (RSA Data Security Inc.) 的公司。葉德曼當總裁，董事會主席是瑞維斯特而財務長則是沙密爾；十三年後，他們以兩億美元賣掉這個公司。

還記得葉德曼是個道道地地的舊金山佬嗎? 所以雖然麻省理工提供他優惠的條件，但他渴望回加州安定下來，有一個家庭。因此，他在 1980 年接受南加州大學洛杉磯分校的工作 (他目前是計算機科學亨利・撒瓦特瑞 (Henri Salvatori) 教授和分子生物學教授)。三年之後，在一個單身舞會中，他遇到認識了六個禮拜之後就結婚、一見鍾情的終身伴侶洛瑞・布魯斯 (Lori Bruce)。

　　葉德曼離開麻省理工那年,沙密爾也結束在麻省理工的研究工作,
回到他的母校以色列魏茨曼研究院 (Weizmann Institute) 任教。僅瑞維
斯特留在麻省理工繼續他在密碼學和計算機科學等領域的研究工作,
並做出許多傑出貢獻。二十五年之後, 瑞沙葉他們因這個演算法所取
得的傑出貢獻而獲得圖靈獎, 見下圖。在下一講我們會對瑞沙葉加密
演算法做更深入的講解與介紹。

▲ 由左至右: 瑞維斯特、沙密爾、葉德曼

9.7　公鑰密碼另一章

　　長久以來有人聲稱政府部門的密碼局早先幾年就發現瑞沙葉演算
法,但保密的法規阻止他們透漏任何的證據。終於在 1997 年由英國密
碼局 the Communications-Electronics Security Group (CESG) [56] 所發
布的文件得知, 早在 1970 年時詹姆士‧艾利斯❻(James Ellis) 就已發

---

❻在 1982 年第一次遇見艾利斯時,迪菲認為是真實的,但後來變得比較不相信。
　迪菲說: 我曾跟他談過好幾個小時的話,我不了解他的論文,因無法說服我什
　麼。他說他有一個公鑰密碼系統的構想與我有同樣的形式,但我從未發現任何
　具體的證據,他或他的同事了解其意義。詳情可參考 Andy Coote 於 2004 年 7
　月 8 日在《SC 雜誌》Features 專欄訪問迪菲之報導:《密碼人》[9] (Crypto
　Man)。

現公鑰密碼術，且在 1973 年克里佛德・寇克斯 (Clifford Cocks) 寫過一份內部的文件描述瑞沙葉演算法的一個版本，其中的加密次冪 e 與 n 相同。

▲艾利斯　　　　　　　　▲寇克斯

　　艾利斯是一位求知欲很強卻有一點反常的怪人。主要的興趣是科學，到了帝國學院 (Imperial College) 攻讀物理。1965 年 4 月 1 日加入 the Government Communications Headquarters (GCHQ) 新成立的通訊電子安全組 (CESG)，一個專門負責英國通訊安全的特別部門。他最顯著的特質之一是吸取知識的能力。任何他拿到的科學期刊，他都會讀過一遍，而且從不丟棄。在同事之間，他擁有密碼宗師 (cryptoguru) 的名號。1969 年初，軍方要求艾利斯尋找發送鑰匙的方法。1969 年底，艾利斯在理論上找到了可行的證據。但他還需要一個特別的單向函數來落實其構想。1970 年開始接著三年，GCHQ 的頂尖頭腦都在努力的尋找可以滿足艾利斯要求的單向函數，卻沒有任何斬獲。

▲ 1968 年數學奧林匹亞英國代表隊，最右邊就是寇克斯

　　1973 年 9 月，寇克斯加入這個小組，他剛從劍橋大學畢業，主攻數論，是最純的數學領域之一。他加入 GCHQ 時，對密碼學及軍事與外交通訊的世界沒有多少概念。因此他們指派尼克・貝德森 (Nick Patterson) 輔導他，在他進入 GCHQ 的頭幾個星期給他一些指引。大約六星期後，貝德森跟他講起那個「實在很古怪的點子」。他簡介了艾利斯的構想，並解釋說還沒有人找出完全符合條件的數學函數。那天寇克斯坐下來工作時，心想沒什麼特別的事，不如來思索一下這個點子。他研究的領域一直是數論，自然會想到單向函數就是只能演算出來不能逆算回去的東西。質數和分解因數是理所當然的對象，於是就成了他的起點。寇克斯回憶說：從開始到完成，只花了我半小時的時間。我想，嗯！不錯哦。人家給我一個問題，我把它解決了。

第十講

因數分解看似易—瑞沙葉首建奇功

說了老半天，就是沒見到瑞沙葉妙算的影兒；現在就有請三毛、四郎出場，帶領大家來一睹瑞沙葉妙演算法的廬山真面目。

10.1 妙演算法瑞沙葉

假設三毛要傳遞信息 x 給四郎，瑞沙葉演算法 (RSA Algorithm) 的運算步驟 [38] 如下：

1. 四郎隨機選取二相異大質數 p 與 q，並將此二數相乘得 $n = pq$。

2. 然後選取與 $(p-1)(q-1)$ 互質的加密次幂 e 並將 (n, e) 經由公開頻道告知三毛，但 p 與 q 則保密。

3. 三毛將欲傳送的信息 x 數位化成 m，若 $m > n$ 需將 m 分割成區塊 $\{m_1, \cdots, m_k\}$，讓每一區塊 m_i 都小於 n。為了更簡潔描述，我們假設 $k = 1$ 並將下標省略仍稱為 m（或是一開始就選足夠大的 p 與 q 使得 $m < n = pq$）。

4. 計算密文 c 如下：$c \equiv m^e \pmod{n}$，然後將密文 c 傳送給四郎。

5. 因為只有四郎知道 p 與 q，所以他可以算出 $\varphi(n) = (p-1)(q-1)$。

6. 再透過延伸輾轉相除法求得解密鑰匙 d，滿足 $de \equiv 1 \pmod{\varphi(n)}$。

7. 最後四郎將密文 c 取 d 次幂，如此即可還原成明文並讀取此信息：

$$m \equiv c^d \pmod{n}$$

此加密函數其實就是我們在第七講第五節「拜別傳統奔未來」那邊所說的那個模 n 之下的 k 次單項式函數 $x^k \pmod{n}$，這兒的 $k = e$。

● 例題 10.1

四郎選取 $p = 1753$，$q = 13457$，並將此兩數相乘得

$$n = pq = 23590121$$

再選取 $e = 911$，並將 (n, e) 傳送給三毛。假設三毛要傳送的信息就是 fish。首先我們將 a 用 01 取代，b 用 02 取代，……，z 用 26 取代。這與前面的習慣不一致，主要是要避免信息以 a 起頭時的困境。如此我們可以得到明文 m 為 6091908。在模 n 之下計算密文 $c = 14861518$，然後將 c 傳送給四郎。因為四郎知道 $\phi(n) = (p-1)(q-1) = 23574912$，所以利用延伸輾轉相除法求得解密鑰匙 $d = 10040687$。最後解密，我們計算 $c^d \pmod{n}$ 得到 6091908，這就是原先的信息。

10.2 密碼系統瑞沙葉

現在回到瑞沙葉密碼系統，有幾個方面需要解釋的。

❶ 最重要的事情可能是

為何 $m \equiv c^d \pmod{n}$ 呢？

此問題其實我們在第七講第五節「拜別傳統奔未來」那邊已經說明過了。為了讓你更熟悉此等論證，我們就再花一點兒時間更詳細地說說。

記得嗎？ 歐拉定理說：若 a 與 n 互質，則

$$a^{\varphi(n)} \equiv 1 \pmod{n}$$

在目前的例子中，我們有 $\varphi(n) = \varphi(pq) = (p-1)(q-1)$。

——若 $\gcd(m, n) = 1$。這種情形可能性非常高，因為 p 跟 q 都很大，m 就可能不會有 p 或 q 為其因子。由於 $de \equiv 1 \pmod{\varphi(n)}$，必存在一整數 k 使得 $de = 1 + k\varphi(n)$，故

$$c^d \equiv (m^e)^d \equiv m^{1+k\varphi(n)} \equiv m \cdot (m^{\varphi(n)})^k \equiv m \cdot 1^k \equiv m \pmod{n}$$

——若 $\gcd(m, n) \neq 1$，四郎是否依舊能將密文還原回明文呢？此種情況我們有 $\gcd(m, n) = p$ 或 $q \Leftrightarrow p|m$ 或 $q|m$。因 $m < n$，所以只有其中之一會發生，說是前者 $p|m$。則在模 q 之下，我們有

$$m^{q-1} \equiv 1 \Rightarrow m^{\varphi(n)} \equiv (m^{q-1})^{p-1} \equiv 1 \Rightarrow m^{k\varphi(n)} \equiv 1 \pmod{q}$$

因而 $m^{de} = m^{1+k\varphi(n)} \equiv m \cdot (m^{\varphi(n)})^k \equiv m \cdot 1^k \equiv m \pmod{q}$。但 $p|m \Rightarrow$ $m^{de} \equiv 0 \equiv m \pmod{p}$，所以，我們有

$$c^d \equiv m^{ed} \equiv m \pmod{n}$$

🔟 五爺能做些什麼呢？他能從公開的頻道上攔截到 c, n, e，但卻不知道 p, q, d。假設五爺沒有辦法分解 n。而如果五爺想將密文還原成明文的話則必須求 d，因此五爺必須知道 $\varphi(n)$。底下我們會說明尋找 $\varphi(n)$ 和尋找 p, q 其實是等價的。是否有其他的方法可以算出 d 呢？下面我們會證明如果五爺能找到 d，他就有可能可以將 n 分解。因此之故，五爺能找到 d 的機會是微乎其微的。

🔟 五爺知道 $c \equiv m^e \pmod{n}$，為什麼我們不就取 c 的 e 次方根呢？倘若我們不是在模 n 之下，那就毫無困難，但在我們的情況下卻是艱難無比。例如我們知道 $m^3 \equiv 3 \pmod{85}$，但你無法從你的計算器算出 3 的立方根 $1.2599\cdots$，然後再化簡至模 85 之下。當然你可以一個一個去找，最後終於找到 $m = 7$，但對大 n 來說，此法是行不通的。

❶ 四郎如何選取兩個相異的大質數 p 和 q 呢?當然要隨機的選,而且彼此不相干。至於多大,就得看你所要求的安全等級的高低而定,但似乎是至少要 100 位數才夠。這兩個數的大小也是要維持一定的距離,理由底下會討論。前面第八講最後一節時我們討論到質數判別法,你知道尋找此種大質數是相當快的。但也需用到一些其他的判別法來確定所選的 p 或 q 不是壞的質數。例如,若 $p-1$ 只有小質因子的話,那麼用 $p-1$ 因數分解法來分解 n 是容易的,所以在此情況下應該選取另外的質數來代替。

❶ 為何四郎選取的 e 必須滿足 $\gcd(e, (p-1)(q-1)) = 1$ 呢?這是因為

$$de \equiv 1 \quad (\bmod\ (p-1)(q-1)) \text{ 有一解 } d \Leftrightarrow \gcd(e, (p-1)(q-1)) = 1$$

因此,這個條件對 d 的存在是必要的。用延伸輾轉相除法來計算 d 值相當的快。因為 $p-1$ 是偶數,e 不能選 2,你可能很容易會去選 $e=3$。然而,選取小的 e 值有它的危險在,所以選大一些的 e 值是一般性的要求。例如,你可選 e 為中等大小的質數。如此應該毫無攔阻的可確定 $\gcd(e, (p-1)(q-1)) = 1$。

❶ 在加密過程中,三毛在計算 $m^e \pmod n$ 時可利用如連續平方法,這不需要用到太大的記憶體即可完成。這的確是模算術的一大優點:倘若三毛試著先計算 m^e,然後再簡化至模 n 之下;如此一來,有可能在記錄 m^e 時,她電腦的記憶體就溢位了。同樣地,解密過程中計算 $c^d \pmod n$ 可很有效率的完成。因此,所有加密、解密需要的運算都可以快速地完成(即在 $\log n$ 的次冪時間之內)。其安全性完全建立在 n 不可能被分解的假設上。

10.3　靜待證明有一雙

現在回到上面提過的兩個有待證明的命題。記得嗎? 這兩個命題最主要的觀點簡單說就是

尋找 $\varphi(n)$ 或尋找解密次冪 d 本質上與分解 n 是一樣困難的。

❶先說明尋找 $\varphi(n)$ 和尋找 p, q 其實是等價的。假設 $n = pq$ 為兩個相異質數的乘積。如果我們知道 $n, \varphi(n)$ 則

$$n - \varphi(n) + 1 = pq - (p-1)(q-1) + 1 = p + q$$

因此我們就能知道 pq 和 $p+q$。接著再用一元二次方程式根與係數的關係，我們可以得到

$$X^2 - (n - \varphi(n) + 1)X + n = X^2 - (p+q)X + pq$$

因此我們有

$$p, q = \frac{(n - \varphi(n) + 1) \pm \sqrt{(n - \varphi(n) + 1)^2 - 4n}}{2}$$

◉例題 10.2

令 $n = 851$。假設我們已經知道 $\varphi(n) = 792$，試分解 n。

◉ 解　考慮二次方程式 $x^2 - (n - \varphi(n) + 1)x + n = X^2 - 60X + 851$。

解出得到 $n = 23 \times 37$，因為其根為 $\dfrac{60 \pm \sqrt{60^2 - 4 \cdot 851}}{2} = 23, 37$。

●例題 10.3

令 $n = 113137712755903312567$。假設我們已經知道 $\varphi(n)$ 之值為 113137711876088744400，試分解 n。

● 解　考慮二次方程式 $x^2 - (n - \varphi(n) + 1)x + n$。解出其根為

$$128781017 \text{ 與 } 87852787151$$

因而 $n = 128781017 \times 87852787151$。

🔒 其次我們證明：如果已經知道 d 與 e，那麼我們有可能將 n 分解。這裡我們要用到的因數分解法就是所謂的統一冪次因數分解法，敘述如下（詳見下一節）：對所有與 n 互質的 a，若我們有統一冪次 b 使得 $a^b \equiv 1 \ (\bmod \, n)$，則我們有可能將 n 分解。因為 $de - 1$ 為 $\varphi(n)$ 的倍數，所以 $de - 1 = k\varphi(n)$ 且對所有與 n 互質的 a，我們有

$$a^{de-1} \equiv (a^{\varphi(n)})^k \equiv 1 \quad (\bmod \, n)$$

因此統一冪次分解法就可派上用場了。

🔑【何時用瑞沙葉演算法？】

當有好幾家銀行要彼此傳送財務資料時，可試著來使用瑞沙葉演算法。倘若有好幾千家的話，而每兩家就需要有一把鑰匙來作為彼此祕密通訊之用，那就太不實際了。更好的一個方式為：每家銀行選取一個整數對 (n, e) 如上。然後將這些資料出版成為公共的書籍如電話簿一樣或者印在銀行的名片及廣告上。假設甲銀行要送資料給乙銀行，那麼甲銀行就查出乙銀行的公鑰 (n, e) 並用此來傳送資料。實際上，在傳送大量資料時，瑞沙葉演算法的加密速度是不夠快的。因此，瑞沙葉演算法經常拿來傳遞更快速加密法如 DES 的鑰匙之用。

10.4　因數分解看似易

　　瑞沙葉很巧妙的利用因數分解的單向性質，配合模算術下的次冪函數，設計出這天下無雙、舉世聞名的公開鑰匙加密演算法。現在讓我們就來談談因數分解的問題。表面上看起來，米勒—拉賓質數檢驗的步驟當中好像常常可以分解整數 n；不過通常碰到的情況往往變成即使熬到 b_{k-1}，也不曾出現 $b_i \equiv \pm 1 \pmod{n}$，而 $a^{n-1} \not\equiv 1 \pmod{n}$。另一方面，若存在 r，可能不是 $n-1$，所有與 n 互質的 a 都有 $a^r \equiv 1 \pmod{n}$。如此一來，那就經常可分解整數 n，這就是下面要探討的因數分解法。

🔐【統一冪次因數分解法】

　　假設存在一個冪次 $r > 0$，使得對所有與 n 互質的 a 恆有

$$a^r \equiv 1 \pmod{n}$$

將 r 寫成 $r = 2^k \cdot m$（此處 m 為奇數）。隨機選取介於 1 與 $n-1$ 的整數 a。若 $\gcd(a, n) \neq 1$，那麼我們很幸運的得到一個 n 的真因數；此等事情當然可遇不可求，所以我們假設 $\gcd(a, n) = 1$。令 $b_0 \equiv a^m \pmod{n}$。顯而易見，將此數連續平方 k 次即得 $a^{2^k \cdot m} = a^r$；故遞迴定義 b_i 如下：

$$b_{i+1} \equiv b_i^2 \pmod{n}, \ 0 \leq i \leq k-1$$

如果運氣不佳 $b_0 \equiv 1 \pmod{n}$，那麼只好摸摸鼻子丟掉這個 a 值；並捲土重來，試另一嶄新的 a 值。倘若碰到某個 j，滿足 $b_j \equiv -1 \pmod{n}$，那麼再摸摸鼻子丟掉這個 a 值。倘若碰到某個 j，滿足 $b_{j+1} \equiv 1$

$(\bmod n)$ 但 $b_j \not\equiv \pm 1 \ (\bmod n)$，那麼可喜可賀，$\gcd(b_j - 1, n)$ 就是 n 的真因數。

乍看之下，這個方法跟米勒－拉賓質數檢驗法很像。他們不同的地方在：統一冪次分解法中那個統一冪次 r 的存在，保證必定會存在有某個 j，滿足 $b_j \equiv 1 \ (\bmod n)$，但在米勒－拉賓質數檢驗法中這樣的 j 不是如此常見。多試幾個 a 值就有非常高的機會來將整數 n 分解。

當然啦，聰明的你一定會問怎樣求出一個統一冪次 r 呢？一般而言，這似乎是非常困難，而且在實作上無法使用。然而，當我們知道瑞沙葉演算法的解密冪次時，此法可用來分解 n。

● 例題 10.4

已知瑞沙葉公鑰為 $(320779255950718549, 83089)$。若得知解密鑰匙 d 為 138212005402570609，試分解 $n = 320779255950718549$。

● 解　選取 $a = 5$，並計算 $r = 138212005402570609 \times 83089 - 1$ 之值為：

$$r = 2^8 m, \ 此處 \ m = 44858973894117927075$$

- 接著計算 $b_0 = a^m \equiv 149917652468685245 \not\equiv 1 \ (\bmod n)$，
- 平方之得 $b_1 = b_0^2 \equiv 58719925219604093 \not\equiv -1 \ (\bmod n)$，
- 再平方得 $b_2 = b_1^2 \equiv 30888491444197983 \not\equiv -1 \ (\bmod n)$，
- 再平方得 $b_3 = b_2^2 \equiv 1 \ (\bmod n)$，

最後計算 $\gcd(b_2 - 1, n)$ 得到 336998653；故統一冪次分解法得

$$n = 336998653 \times 951871033$$

在某些場合，雖然不知道一個統一冪次，但知道某個單一 a 值的冪次 r 滿足 $a^r \equiv 1 \ (\bmod n)$。運氣好的話，我們可由此來分解 n。

🔑【冪次因數分解法】

若對某 $a \in \mathbb{Z}$，有一正冪次 r 滿足 $a^r \equiv 1 \pmod{n}$。將 r 寫成

$$r = 2^k \cdot m, \quad \text{此處 } m \text{ 為奇數}$$

若 $\gcd(a, n) \neq 1$，則我們得到一個 n 的真因數。令

$$b_0 \equiv a^m, \ b_{i+1} \equiv b_i^2 \pmod{n}, \ 0 \leq i \leq k-1$$

🔹 若 $b_0 \equiv 1 \pmod{n}$，則停止；此法失敗。

🔹 若存在 j，滿足 $b_j \equiv -1 \pmod{n}$，則停止；此法失敗。

🔹 若存在 j，滿足 $b_{j+1} \equiv 1 \pmod{n}$，但 $b_j \not\equiv \pm 1 \pmod{n}$，那麼我們得知 $\gcd(b_j - 1, n)$ 為 n 的真因數。

若 $a = 1$，則任意 r 都行。而 $b_0 = 1$，故此法失敗。但若使用某種合理有意義的方法得到 a 跟 r 時，則有很好的機會可用此法來分解 n。

◉例題 10.5

令 n 為

$n = 11438162575788886766923577997614661201021829672124236256$
$25618429357069352457338978305971235639587050589890751475$
$992900268795\bigwedge3541$

已知 $a = 2$ 有一冪次 r，使得 $a^r \equiv 1 \pmod{n}$：

$r = 96103441961778226615691902335958383410985412905187833025$
$06446040411559855750873526591561748985573429951315946804$
31086921245830097664

試分解 n。

● 解 分解 r 之值為：$r = 2^8 m$ 其中

$m = 375404070163196197717546493499837435199161769160889$
$9727541580484535765568652684971324828880819748962107$
$47327917204339332861165 23819$

接著計算 $b_0 \equiv a^m \not\equiv 1 \pmod{n}$，

$b_0 = 6364131413105210118736281559373165911343778855 00884$
$0264122945104921711417372680780679037101345 09290278$
$479628031278121848865 32917$

平方之得 $b_1 \equiv b_0^2 \not\equiv -1 \pmod{n}$，

$b_1 = 353366229523686278369426290181710998189725641404660$
$5375037875489870573732150259382689605134404 55058433$
$3908122340546267213735 0660$

再平方得 $b_2 \equiv b_1^2 \not\equiv -1 \pmod{n}$，

$b_2 = 428361912025087287421992990405829002029762229160177$
$6716755187021650944451823946218637947056944 20551013$
$92992293082259601738228702$

再平方得 $b_3 \equiv b_2^2 \equiv 1 \pmod{n}$，最後計算 $\gcd(b_2 - 1, n)$ 得到
$327691329932667095499619881908344614131776429679929425$
39798288533

故冪次因數分解法計算得

$n = 3490529510847650949147849619903898133417764638493 38$
$7843990820577 \times 327691329932667095499619881908344614$
$131776429679929425 39798288533$

如果整數 n 其中一個因子具有特殊的性質時，有時候分解 n 變得比較容易。例如，若 p 整除 n 且 $p-1$ 僅具有小質因子，則下面的方法可有效率的來分解 n。此法乃是波拉得 (Pollard) 於 1974 年所發明。

【$p-1$ 因數分解演算法】

首先選取整數 $a > 1$，經常我們會選 2；再選一上限 B，並遞迴計算 $b \equiv a^{B!} \pmod{n}$ 如下：

$$b_1 \equiv a,\ b_j \equiv b_{j-1}^j \pmod{n},\ 2 \le j \le B \Rightarrow b_B \equiv b \pmod{n}$$

令 $d = \gcd(b-1,\ n)$。若 $1 < d < n$，則 d 是 n 的真因數。

假設 p 為 n 的一個質因數使得 $p-1$ 僅具有小質因子。因此 $p-1$ 可能整除 $B!$，亦即 $B! = (p-1)k$。據費馬小定理，得

$$b \equiv a^{B!} \equiv a^{(p-1)k} \equiv 1 \pmod{p}$$

所以 p 會出現在 $b-1$ 和 n 的最大公因數中。假設 q 為 n 的另一個質因數，那麼我們不太可能會有 $b \equiv 1 \pmod{q}$，除非 $q-1$ 也只有小質因子。若 $d = n$，並非完全沒用。在這種情況，我們有一冪次 $r = B!$ 及 a 使得 $a^r \equiv 1 \pmod{n}$。有很好的機會可用上面的冪次法將 n 分解。或也可選較小的 B 並重複上述計算（這有點類似冪次分解法所作的）。

而我們如何選擇 B 呢？如果選的太小則會快速地跑完演算法，且成功分解 n 的機率就很小。如果太大，則運算所需的時間就會太長。所以如何拿捏，必須視 n 的情況而定。

● 例題 10.6

令 $n = 8834884587090814646372459890377418962766907$。 試 利 用 $p - 1$ 演算法來分解 n。

● 解　$p - 1$ 因數分解法: 選 $a = 2$ 的話, B 要大到至少 73 才算出來

$$\gcd(b_{73} - 1,\ n) = 364438989216827965440001$$

因而得

$$n = 364438989216827965440001 \times 24242424242468686907$$

　　在應用上, 我們的 n 為兩個質因數的乘積: $n = pq$, 但卻非常難分解; 所以 $p - 1$ 至少要有一個大的質因數, 這樣的 p 不難找到。假設我們要的 p 為一百位數, 選一個四十位左右的大質數 p_0, 查看形如 k $p_0 + 1$, 此 k 為六十位左右的某整數, 用米勒—拉賓法來檢驗 p 的不可分解性。平均而言, 在少於 100 個步驟內可得到一個所需的質數 p。如法炮製得到另一質數 q。那麼我們就得到一個用 $p - 1$ 分解法很難分解的整數 $n = pq$。如此一來瑞沙葉密碼系統被破解的可能性便降低了。

　　另外有一個稱為橢圓曲線因數分解法[*]乃是 $p - 1$ 因數分解的一個推廣。但用到靠近 $p - 1$ 的某些隨機整數並且只要求至少其中之一僅包含小質因子。這使得此法可使用的質數更寬廣, 而並非只有那些 $p - 1$ 僅具小質因子者而已。

---

[*] 請參閱《密碼學之旅——與 MATHEMATICA 同行》[42] 第十章。

🔐 【二次篩法 (Quadratic Sieve)】

假設我們要分解 $n = 3837523$。觀察下列同餘式：

$$9398^2 \equiv 5^5 \cdot 19 \qquad (\mathrm{mod}\ 3837523)$$
$$19095^2 \equiv 2^2 \cdot 5 \cdot 11 \cdot 13 \cdot 19 \quad (\mathrm{mod}\ 3837523)$$
$$1964^2 \equiv 3^2 \cdot 13^3 \qquad (\mathrm{mod}\ 3837523)$$
$$17078^2 \equiv 2^6 \cdot 3^2 \cdot 11 \qquad (\mathrm{mod}\ 3837523)$$

若將這些關係式相乘，我們得到平方同餘關係如下：

$$(9398 \cdot 19095 \cdot 1964 \cdot 17078)^2 \equiv (2^4 \cdot 3^2 \cdot 5^3 \cdot 11 \cdot 13^2 \cdot 19)^2 \quad (\mathrm{mod}\ n)$$
$$2230387^2 \equiv 2586705^2 \qquad (\mathrm{mod}\ n)$$

因為 $2230387 \not\equiv \pm 2586705 \ (\mathrm{mod}\ 3837523)$，根據因數分解的基本定理得到 n 的分解式中的一個因子為 $\gcd(2230387 - 2586705,\ 3837523)$ $= 1093$。另一個因子則是 $3837523 / 1093 = 3511$。

上面的這些計算似乎是從天而降，令人有點丈二金剛——摸不著頭腦。茲說明如下：首先，我們製造出一些平方數使得其值在模 n 之下變成小質數（目前的例子為小於 20 的質數）的乘積。這樣子的一個質數集就是所謂的分解基底 (Factor base)。如何製造出來這些平方數呢？等一下下再說。每一個這種平方數在模 n 之下，可表示成分解基底（目前的例子為 2, 3, 5, 7, 11, 13, 17, 19）中之質數次冪的乘積，然後將這些次冪看成某矩陣的一列。例如，由關係式 $9398^2 \equiv 5^5 \cdot 19$ (mod 3837523) 所得到之列為 0, 0, 5, 0, 0, 0, 0, 1。

除了上面的關係式外，我們另外列出幾個如下：

$$8077^2 \equiv 2 \cdot 19 \qquad (\text{mod } 3837523)$$

$$3397^2 \equiv 2^5 \cdot 5 \cdot 13^2 \quad (\text{mod } 3837523)$$

$$14262^2 \equiv 5^2 \cdot 7^2 \cdot 13 \quad (\text{mod } 3837523)$$

如此我們得到一矩陣如下：

$$
\begin{array}{c}
9398 \\
19095 \\
1964 \\
17078 \\
8077 \\
3397 \\
14262
\end{array}
\left(
\begin{array}{cccccccc}
0 & 0 & 5 & 0 & 0 & 0 & 0 & 1 \\
2 & 0 & 1 & 0 & 1 & 1 & 0 & 1 \\
0 & 2 & 0 & 0 & 0 & 3 & 0 & 0 \\
6 & 2 & 0 & 0 & 1 & 0 & 0 & 0 \\
1 & 0 & 0 & 0 & 0 & 0 & 0 & 1 \\
5 & 0 & 1 & 0 & 0 & 2 & 0 & 0 \\
0 & 0 & 2 & 2 & 0 & 1 & 0 & 0
\end{array}
\right)
$$

接著我們尋找在模 2 之下，列與列之間的相依性。有三個如下：

1. 第 1 列 + 第 5 列 + 第 6 列 = (6, 0, 6, 0, 0, 2, 0, 2) ≡ 0 (mod 2)

2. 第 1 列 + 第 2 列 + 第 3 列 + 第 4 列 = (8, 4, 6, 0, 2, 4, 0, 2) ≡ 0 (mod 2)

3. 第 3 列 + 第 7 列 = (0, 2, 2, 2, 0, 4, 0, 0) ≡ 0 (mod 2)

當我們有如此相依性時，這些數的乘積就是一個平方數。例如，上面三個相依關係得知：

1. $(9398 \cdot 8077 \cdot 3397)^2 \equiv 2^6 \cdot 5^6 \cdot 13^2 \cdot 19^2 = (2^3 \cdot 5^3 \cdot 13 \cdot 19)^2$

2. $(9398 \cdot 19095 \cdot 1964 \cdot 17078)^2 \equiv (2^4 \cdot 3^2 \cdot 5^3 \cdot 11 \cdot 13^2 \cdot 19)^2$

3. $(1964 \cdot 14262)^2 \equiv (3 \cdot 5 \cdot 7 \cdot 13^2)^2$

因此若對不同的 x 值與 y 值，我們有平方同餘的關係 $x^2 \equiv y^2 \pmod{n}$。如果 $x \not\equiv \pm y \pmod{n}$，那麼因數分解基本原理告訴我們 $\gcd(x - y, n)$

就是 n 的一個真因子。然而若 $x \equiv \pm y \pmod{n}$，則 $\gcd(x-y, n) = 1$ 或 n，此時就得不到 n 的分解式。在上面的三個關係式中，我們有

1. $3590523^2 \equiv 247000^2$ 但是 $3590523 \equiv -247000 \pmod{3837523}$。

2. $2230387^2 \equiv 2586705^2$ 且 $\gcd(2230387 - 2586705, 3837523) = 1093$。

3. $1147907^2 \equiv 17745^2$ 且 $\gcd(1147907 - 17745, 3837523) = 1093$。

我們現在回到那個基本問題：如何去尋找 9398, 19095 這些數呢？點子就在於製造一些比 n 的倍數稍稍大一些的平方數，如此一來在模 n 之下，這些數是小的，因而有更好的機會是小質數的乘積。很自然地，我們會去看看形如 $[\sqrt{in} + j]$ 的整數，其中 j 取小的正整數但 i 則取任意的正整數，而符號 $[x]$ 指的就是小於或等於 x 的最大整數。這種數的平方差不多是 $in + 2j\sqrt{in} + j^2 \approx 2j\sqrt{in} + j^2 \pmod{n}$。只要 j 不是太大，這個數該是相當的小，因而有更好的機會是小質數的乘積。在上面的例子當中，我們有 $8077 = [\sqrt{17n} + 1]$ 及 $9398 = [\sqrt{23n} + 4]$ 等等。

上面所使用的方法乃是許多目前最好的因數分解法的基石。當中主要的步驟就是產生同餘關係

$$x^2 \equiv 小質數的乘積$$

一個由此法改良而成的版本稱之為二次篩法 (Quadratic Sieve)，是約翰·狄克生 (John Dixon) 在 1981 年首先發表，並由卡爾·波默朗斯 (Carl Pomerance) 在 1990 年時成功的分解了一個 116 位數。比起 80 年代所流行的連分數分解法（只能分解到 50 位數左右）有著很大的進展。二次篩法的成功更使得人們相信分解百位以上的數不再困難，而二次篩法更在 1994 年時成功的分解了 RSA-129 這個數，請回顧第八講第一節的世紀大餐開胃菜。最近發展出來一個稱之為數體篩法

(Number Field Sieve)，用到更細緻的技巧來產生這一類的同餘關係而且在許多情況之下其速度還更快。

一旦得到幾個這一類的同餘關係，將其安置如上述的矩陣當中。若此矩陣之列數比行數大，那我們就能保證在模 2 下，列與列之間是線性相依的。如此一來，即得一平方同餘關係 $x^2 \equiv y^2 \pmod{n}$。當然，像上面討論過的情形第 1 列 + 第 5 列 + 第 6 列 $\equiv 0 \pmod{2}$ 一樣，有可能得到 $x \equiv \pm y$ 之結論，因而就得不到 n 的一個分解式。但這種情形出現的機會頂多是一半。所以，如果我們有足夠多的關係式，譬如說列數比行數多出好幾個，那麼我們應該會有一個關係式 $x^2 \equiv y^2 \pmod{n}$ 滿足 $x \not\equiv \pm y$。此時 $\gcd(x-y, n)$ 就是 n 的一個真因子。

因數分解在二十世紀的下半葉有著戲劇性的進展。這有一部分歸因於電腦科技的突飛猛進，另一部分則歸因於演算法的改良。下表[2]告訴我們最近 15 年來一般用途[3]因數分解的記錄，此處 MIPS (million instructions per second) 年意指若電腦每秒中執行一百萬個指示，所需時間[4]之年數：

數的名稱	位數	完成日期	需時大約	演算法
C116	116	1990 年	275 MIPS 年	mpqs
RSA-120	120	1993 年 6 月	830 MIPS 年	mpqs
RSA-129	129	1994 年 4 月	5000 MIPS 年	mpqs
RSA-130	130	1996 年 4 月	1000 MIPS 年	gnfs
RSA-140	140	1999 年 2 月	2000 MIPS 年	gnfs

[2] 參考網頁 http://www.crypto-world.com/FactorRecords.html。

[3]「一般用途」意指分解演算法跑的時間只跟數的大小有關，而跟其質因數的大小或數的形式沒有關係。

[4] 早期因數分解的時間估計以 MIPS 年來衡量，但最近幾乎每一個人都使用 Pentium 或 AMD 來估計。

RSA-155	155	1999 年 8 月	8000 MIPS 年	gnfs
C158	158	2002 年 1 月	3.4 Pentium 1GHz CPU 年	gnfs
RSA-160	160	2003 年 3 月	2.7 Pentium 1GHz CPU 年	gnfs
RSA-576	174	2003 年 12 月	13.2 Pentium 1GHz CPU 年	gnfs
C176	176	2005 年 5 月	48.6 Pentium 1GHz CPU 年	gnfs
RSA-200	200	2005 年 5 月	121 Pentium 1GHz CPU 年	gnfs

10.5　原根何意模世界

先觀察一下，在模 11 之下 7 的次冪：

j	1	2	3	4	5	6	7	8	9	10
7^j	7	5	2	3	10	4	6	9	8	1

一眼即可看出，在模 11 之下所有非零元素都是 7 的次冪。此種元素 7 稱之為模 11 的一個原根 (primitive root)❺。同樣地，每一個模 23 的非零元素都是 5 的次冪，所以 5 是模 23 的一個原根。然而，$2^{11} \equiv 1$ (mod 23)，所以只有 1, 2, 4, 8, 16, 9, 18, 13, 3, 6, 12 是 2 的次冪。因此 2 不是模 23 的一個原根。模 23 的原根有 5, 7, 10, 11, 14, 15, 17, 19, 20, 21。

一般而言，當 p 為一質數，模 p 的一個原根就是其中一個非零元素 g 使得每一個模 p 的非零元素都是 g 的一個次冪。每一個質數 p 都有 $\phi(p-1)$ 個原根。特別而言，至少有一個原根。在理論上，如果知道一個原根，那麼其他的原根就通通現出原形來。在實作上，如果知道 $p-1$ 的分解式，那麼要找到一個原根並不難。我們先敘述並證明

---

❺ 「乘法生成元素 (multiplicative generator)」可能更傳神，但不普遍為人採用。

密碼學當中經常用到的原根基本性質，接著再舉例說明如何找那第一個原根。

原根基本性質

令 g 為質數 p 的一個原根。

1. 若 n 為一整數，則 $g^n \equiv 1 \pmod{p} \Leftrightarrow n \equiv 0 \pmod{p-1}$。

2. 若 j 與 k 為二整數，則 $g^j \equiv g^k \pmod{p} \Leftrightarrow j \equiv k \pmod{p-1}$。

證明 若 $n \equiv 0 \pmod{p-1}$，那麼必有一整數 m 滿足 $n = (p-1)m$。因此透過費馬小定理，我們有（g 是原根 $\Rightarrow g \not\equiv 0 \Rightarrow g^m \not\equiv 0 \pmod{p}$）

$$g^n \equiv (g^m)^{p-1} \equiv 1 \pmod{p}$$

相反地，假設 $g^n \equiv 1 \pmod{p}$，要證明的是 $p-1$ 整除 n。理所當然地，我們將 n 除以 $p-1$ 得到 $n = (p-1)q + r$，其中 $0 \le r < p-1$；因此得到

$$1 \equiv g^n \equiv (g^q)^{p-1} g^r \equiv 1 \cdot g^r \equiv g^r \pmod{p}$$

假設 $r > 0$。考慮所有 $g \pmod{p}$ 的次冪即可察覺，我們頂多就只有 r 個元素。但 $r < p-1$，因此並非所有模 p 之下的非零元素都是 g 的一個次冪；這又與 g 是原根的假設矛盾，因而剩下來唯一的可能性就是 $r = 0$。所以 $n = (p-1)q$，也就是 $p-1$ 整除 n。這證明了第一部分。

第二部分只是第一部分的一個簡單推論而已：假設我們有 $j \ge k$（否則的話，就將 j 與 k 對調）。

$$g^j \equiv g^k \Leftrightarrow g^{j-k} \equiv 1 \Leftrightarrow j-k \equiv 0 \Leftrightarrow j \equiv k \pmod{p-1}$$

⊘注意 ⑴證明中也顯示出：g 是質數 p 的一個原根之充分必要條件為 $p-1$ 就是那個最小的正整數 r 使得 $g^r \equiv 1 \pmod{p}$。

⑵一般而言，那個最小的正整數 r 使得 $a^r \equiv 1 \pmod{p}$ 就稱為 a 的週期 (order)；通常以符號 $\circ(a)$ 表示之。因此

$$g \text{ 是質數 } p \text{ 的一個原根} \Leftrightarrow \circ(g) = p-1。$$

⑶同樣的論證，我們可推廣基本性質 1 為：

$$\text{若 } n \text{ 為一整數，則 } a^n \equiv 1 \pmod{p} \Leftrightarrow \circ(a) \mid n。$$

接下來呢，我們先舉一個例子說明如何驗證一個數是否為模 p 之下的一個原根；最後再提如何找那第一個原根的一般原則。

●例題 10.7

請驗證 7 是質數 601 的一個原根。

● 解　令 $p = 601$，則 $p-1 = 600 = 2^3 \cdot 3 \cdot 5^2$；欲證：$\circ(7) = 600$。

1.先說明：若 $r < 600$ 而且 r 整除 600，那麼 r 必可整除 $\{300, 200, 120\}$ 三數之一。因為 r 整除 $600 = 2^3 \cdot 3 \cdot 5^2$，所以 $r = 2^a \cdot 3^b \cdot 5^c$。但 $r < 600$ 告訴我們 $a = 3, b = 1, c = 2$ 不可能同時成立，因而只有三種情況：

- $a \neq 3 \Rightarrow a \leq 2, b \leq 1, c \leq 2 \Rightarrow r \mid 2^2 \cdot 3^1 \cdot 5^2 = 300$
- $b \neq 1 \Rightarrow a \leq 3, b \leq 0, c \leq 2 \Rightarrow r \mid 2^3 \cdot 3^0 \cdot 5^2 = 200$
- $c \neq 2 \Rightarrow a \leq 3, b \leq 1, c \leq 1 \Rightarrow r \mid 2^3 \cdot 3^1 \cdot 5^1 = 120$

故得證，誠如所願。

2.費馬小定理告訴我們 $7^{600} \equiv 1 \pmod{601}$，因此注意⑶得知 $\circ(7) \mid 600$。若 $\circ(7) < 600$，由上得知 $\circ(7)$ 必可整除 $\{300, 200, 120\}$ 三數之一。

3.計算顯示（可用連續平方法得到）

$$7^{300} \equiv 600, \ 7^{200} \equiv 576, \ 7^{120} \equiv 423 \pmod{601}$$

因此注意⑶得知：$\circ(7)$ 不整除 300, 200 或 120。

4.上兩部分合併得證 $\circ(7) = 600$，也就是說 7 是質數 601 的一個原根。

雖然上面只是一個特例，但不難將其推廣。一般而言，假設 p 為一質數而 $p-1$ 的質因數分解式為

$$p-1 = q_1^{a_1} q_2^{a_2} q_3^{a_3} \cdots q_s^{a_s}。$$

驗證一個數 g 的確是質數 p 的一個原根之步驟如下：
對每一個 $j = 1, 2, 3, \cdots, s$，在模 p 之下，用連續平方法計算每一個次冪

$$\{g^{(p-1)/q_1}, \ g^{(p-1)/q_2}, \ g^{(p-1)/q_3}, \cdots, \ g^{(p-1)/q_s}\}；$$

若都不為 1，那麼 g 就是質數 p 的一個原根。

在實作上，我們可使用上述的步驟；依序來驗證 $g = 2, 3, 5, 6, \cdots$ 直到找到一個原根為止，找到的當然就是最小的原根。請看下面實例：

●例題 10.8

請找出質數 23 的最小原根。

● 解 令 $p = 23$，則 $p - 1 = 2 \times 11$；下表顯示，5 就是最小原根。

g	2	3	5
$g^{(p-1)/q_1} \pmod{p}$	1	1	22
$g^{(p-1)/q_2} \pmod{p}$	4	9	2

●例題 10.9

請找出質數 601 的最小原根。

● 解 令 $p = 601$，則 $p - 1 = 2^3 \times 3 \times 5^2$；下表顯示，7 就是最小原根。

g	2	3	5	6	7
$g^{(p-1)/q_1} \pmod{p}$	1	1	1	1	600
$g^{(p-1)/q_2} \pmod{p}$	1	576	576	576	576
$g^{(p-1)/q_3} \pmod{p}$	432	314	1	423	423

●例題 10.10

請找出質數 65537 的最小原根。

● 解 令 $p = 65537$，則 $p - 1 = 2^{16}$；下表顯示，3 就是最小原根。

g	2	3
$g^{(p-1)/q_1} \pmod{p}$	1	65536

●例題 10.11

請找出質數 132241 的最小原根。

● 解 令 $p = 132241$，則 $p - 1 = 132240 = 2^4 \times 3 \times 5 \times 19 \times 29$；下表顯示，11 就是最小原根。

g	2	3	5	6	7	10	11
$g^{(p-1)/q_1} \pmod{p}$	1	1	1	1	1	1	132240
$g^{(p-1)/q_2} \pmod{p}$	51480	80760	80760	1	51480	1	54180
$g^{(p-1)/q_3} \pmod{p}$	123663	123663	102135	56088	102135	114836	56088
$g^{(p-1)/q_4} \pmod{p}$	67580	38508	34884	1	113465	413	11774
$g^{(p-1)/q_5} \pmod{p}$	26003	120069	109154	76438	101282	42879	73677

第十一講

離散對數真是難—艾加莫另立山頭

在瑞沙葉演算法當中，我們看到了，分解因數的困難性造就出一個非常實用的密碼系統。是不是有其他數論上的難題具有類似的特性呢？這是密碼學家所渴望、所切盼、所追求、所夢想的。說不定那天，你也發現一個類似的數學難題，從而將密碼學推向更上一層樓的境界。我們先來思考一個跟上一講末了的原根相關的問題。

11.1 離散對數惹問題

還記得質數 65537 嗎？就在剛剛上一講末了的例題 10.10 出現過，也出現在介紹赫爾曼突破鑰匙交換時；更早在第一講介紹特殊質數類就現身過，其實這個數就是目前已知五個費馬質數 (Fermat Primes) 中最大的一個。在第九講時我們問過

請問同餘式 $3^x \equiv 2 \pmod{65537}$ 中 x 的解是多少？

那兒，我們的解答是「聰明的你，可以告訴我嗎？」現在我們要正面回答這個問題。因為例題 10.10 告訴我們：3 是 65537 的原根，因此同餘式 $3^x \equiv 1 \pmod{65537}$ 最小的正整數解就是 65536 而其他解都是 65536 的倍數，且每一個非零整數都是原根 3 的一個次冪；這確保我們所面臨的同餘方程式在 $0 \le x \le 65536$ 必定有解。

怎麼解呢? 在同餘式 $3^x \equiv 2 \pmod{65537}$ 兩邊同時取 16 次冪得

$$3^{16x} \equiv 2^{16} = 65536 \equiv -1 \pmod{65537} \qquad (11.1)$$

再平方後即得

$$3^{32x} \equiv 1 \pmod{65537}$$

因此原根的基本性質告訴我們

$$65536 \mid 32x \Leftrightarrow 2048 \mid x \Leftrightarrow x = 2^{11}m$$

其中 m 為正整數。但 $x = 2^{11}m \leq 2^{16} \Rightarrow 1 \leq m \leq 2^5$,所以有 32 個可能的 x 值: $2^{11}m$,其中 $m = 1, 2, 3, \cdots, 32$。然而

$$4096 \nmid x = 2^{11}m \Leftrightarrow 2 \nmid m$$

若 $4096 \mid x \Rightarrow 3^{16x} \equiv 1 \pmod{65537}$ 與 (11.1) 式矛盾,所以實際上只有 16 個可能的 x 值: $2^{11}m$,其中 $m = 1, 3, 5, \cdots, 31$。

最後得將這 16 個可能的 x 值算出對應的 $3^x \pmod{65537}$ 看看哪一個會是 2,結果得到 $m = 27 \Rightarrow x = 2^{11} \cdot 27 = 55296$ 是正確的解。

聰明的你當然會說,這個方程式太特殊了,才讓你如此這般地就解出來了。不過這裡要突顯的乃是,即使這麼特殊,最後的步驟還是比對。將原先的全面搜索降為局部搜索! 總而言之,問題不簡單喔!

固定一質數 p。令 α 與 β 為模 p 之下的兩個非零整數並考慮方程式

$$\alpha^x \equiv \beta \pmod{p}$$

此同餘方程式中，解 x 的問題稱之為離散對數問題[❶]。令 n 為滿足同餘式 $\alpha^n \equiv 1 \pmod{p}$ 的最小正整數，因此我們可以假設 $0 \leq x < n$ 且用符號

$$x = L_\alpha(\beta)$$

表示之，並稱之為以 α 為底 β 的離散對數（質數 p 在符號中省略）。

● 例題 11.1

令 $p = 11$, $\alpha = 2$。因為 $2^6 \equiv 9 \pmod{11}$，我們有

$$L_2(9) = 6$$

當然，$2^6 \equiv 2^{16} \equiv 2^{26} \equiv 9 \pmod{11}$，所以我們可考慮取 6, 16, 26, … 之一當成其離散對數。不過我們固定取那個最小的正整數，亦即 6。注意此處我們大可以就定義其離散對數就是模 10 之下 6 的同餘類。從某種角度來看，這可能更自然些，但在有些應用上給一個數字說不定更方便，而不僅僅是一個同餘類。

通常我們選取 α 為模 p 的原根，亦即每一非零元素 $\beta \pmod{p}$ 都是 α 的一個次冪。如果 α 不是原根，那麼就會有一些 β 值其離散對數沒有定義了。對任意給予的質數 p，在理論上原根必定存在；上一講的最後一節已經說過。用代數的術語描述，也就是乘法群 $\mathbb{Z}_p^\times = \mathbb{Z} \backslash \{0\}$ 為一循環群。而原根就是此循環群的生成元素 (generator)。其證明是一理論性而非建構性的論證，這種情況跟最大公因數完全一樣。所以尋找原根的演算法就變成另外值得探討的問題。

[❶] 其定義可推廣至有限循環群中來考慮，請參閱網頁 http://en.wikipedia.org/wiki/ Discrete_logarithm。

離散對數在許多方面的表現跟一般的對數很像。特別而言，若 α 是模 p 的一個原根，則

$$L_\alpha(\beta_1\beta_2) \equiv L_\alpha(\beta_1) + L_\alpha(\beta_2) \quad (\bmod\, p - 1)$$

此即對數律的第一律。

11.2　全面搜索第一法

為了簡單起見，取 α 為模 p 之原根，所以 $p-1$ 為滿足同餘式

$$\alpha^n \equiv 1 \quad (\bmod\, p)$$

的最小正整數次冪 n。假設有模 p 之下的同餘式：

$$\alpha^x \equiv \beta \quad (\bmod\, p) \tag{11.2}$$

我們要尋找 x 的值 $0 \le x < p-1$。從 (11.2) 式來計算離散對數 x 最單純、最原始的方法就是將 α 取 x 次冪 $x = 0,\ 1,\ 2,\ \cdots$ 看是否滿足 (11.2) 式。一旦答案是肯定的，我們就找到了 β 的離散對數 $x = L_\alpha(\beta)$。此法稱之為窮舉法 (enumeration) 或試誤法，需要執行 $x-1$ 個乘法以及比較兩個數 x 次；但僅需儲存三個數 α, β 與 α^x，故窮舉法僅需儲存的空間數為 3。

● **例題 11.2**

計算離散對數 $5^x \equiv 3\ (\bmod\, 2017)$。窮舉法得到 $x = 1030$，用到了 1029 次模 2017 下的乘法運算。

聰明的你，也許會說：「何不從 2017 的中間 1008 切入開始計算？如此一來，只需要 22 次的模乘法運算就得到了所要的離散對數。」問

題是，你根本不知道 x 會是多少。所以，從何處開始會是最好呢? 沒人知道。因此這相當於全面搜索所有 $p-1$ 個可能的次冪。對小質數 p 而言，此法還好；然而，當 p 逐漸變大那就會感覺萬分吃力。

在密碼術的應用，我們的 x 大到 2^{160}；此種情況下窮舉法不只是感覺吃力而已，乃是無能為力也。因此之故，我們需要尋找新的演算法來解決大 p 的問題。

11.3　嬰步巨步第二法

上面的窮舉法，僅需三個儲存的空間；但需要更長的時間來試誤。因此新方法突破之點就在如何用空間來換取時間，這是時間與空間的交易場所。尚克斯❷乃是第一個贏家，其步驟數減為 $\sqrt{p-1}$；尚克斯稱此演算法為嬰兒步巨人步演算法 (Baby-Step Giant-Step Algorithm)。

令 $m = \lceil \sqrt{p-1} \rceil$ 為大於 $\sqrt{p-1}$ 的最小整數。將未知的離散對數 x 寫成

$$x = qm + r,\ 0 \le r < m$$

也就是說，將 x 被 m 除得到商為 q 而餘數為 r 的等式。尚克斯 (Shanks) 藉由試誤法來計算 q 與 r，接下來 x 就水落石出；其想法如下:

$$(11.2)\ 式 \Rightarrow \alpha^{qm+r} = \alpha^x \equiv \beta \Rightarrow (\alpha^m)^q \equiv \beta\alpha^{-r} \pmod{p}$$

---

❷丹尼爾・尚克斯 (Daniel Shanks)，美國數學家，1917 年 1 月 17 日生於伊利諾州的芝加哥市；1996 年 9 月 6 日在馬利蘭州過世，享年 79 歲。他主要的工作在計算數論，以第一個將圓周率 π 算到十萬位數著稱；大作《未解及已解之數論問題》(Solved and Unsolved Problems in Number Theory) 享譽於數學界多年。

首先計算嬰兒步集合

$$B = \{(\beta\alpha^{-r} \pmod p), r); 0 \le r < m\}$$

如果這個集合出現 $(1, r)$ 的數對，那麼

$$\beta\alpha^{-r} \equiv 1 \Rightarrow \alpha^r \equiv \beta \pmod p$$

因此，$x = r$ 就是所要求的離散對數。否則的話，我們算出

$$\delta \equiv \alpha^m \pmod p$$

然後依序一一檢驗

$$\delta^q \pmod p, q = 1, 2, 3, \cdots$$

是否出現在嬰兒步集合 B 中的第一個分量。果真如此，我們就有

$$\beta\alpha^{-r} \equiv \delta^q \equiv \alpha^{qm} \pmod p$$

這告訴我們 $\beta \equiv \alpha^{qm+r} \pmod p$。所以這個 q 與 r 造就了我們所正在尋找的離散對數

$$x = qm + r$$

這些數 $\delta^q \pmod p$, $q = 1, 2, 3, \cdots$ 就稱為巨人步。我們必須把巨人步中的每一個數 $\delta^q \pmod p$ 跟嬰兒步集合 B 中的每一個數對中的第一個分量一一比對。為要有效率，得將集合 B 每一個數對中的第一個分量那些數儲存。且看下面舉例說明：

▲丹尼爾‧尚克斯

●例題 11.3

重溫上例，計算離散對數 $5^x \equiv 3 \pmod{2017}$。

我們有 $p = 2017$，$\alpha = 5$，$\beta = 3$，而 $m = \lceil \sqrt{p-1} \rceil = 45$。嬰兒步集合 B 是 $\{(3,\ 0),\ (404,\ 1),\ (1291,\ 2),\ (1065,\ 3),\ (213,\ 4),\ (446,\ 5),\ (896,\ 6),\ (986,\ 7),\ (1004,\ 8),\ (1411,\ 9),\ (1089,\ 10),\ (1428,\ 11),\ (689,\ 12),\ (1348,\ 13),\ (673,\ 14),\ (538,\ 15),\ (511,\ 16),\ (909,\ 17),\ (1392,\ 18),\ (1892,\ 19),\ (1992,\ 20),\ (2012,\ 21),\ (2016,\ 22),\ (1210,\ 23),\ (242,\ 24),\ (1662,\ 25),\ (1946,\ 26),\ (1196,\ 27),\ (1046,\ 28),\ (1016,\ 29),\ (1010,\ 30),\ (202,\ 31),\ (1654,\ 32),\ (1541,\ 33),\ (1115,\ 34),\ (223,\ 35),\ (448,\ 36),\ (493,\ 37),\ (502,\ 38),\ (1714,\ 39),\ (1553,\ 40),\ (714,\ 41),\ (1353,\ 42),\ (674,\ 43),\ (1345,\ 44)\}$

尋尋覓覓知「頭獎不中」，因不見這個集合出現 $(1,\ r)$ 的數對，那麼我們必須得訴諸於「巨人」

$$\delta \equiv \alpha^m = 5^{45} \equiv 45 \pmod{2017}$$

然後依序一一檢驗巨人步 $45^q \pmod{2017}$, $q = 1, 2, 3, \cdots$；得到

45, 8, 360, 64, 863, 512, 853, 62, 773, 496, 133, 1951, 1064, 1489, 444, 1827, 1535, 497, 178, 1959, 1424, 1553

當 $q = 22$ 時，$\delta^q = 1553 \pmod{2017}$ 終於出現在嬰兒步集合 B 中的第一個分量 (1553, 40)。因此，

$$\beta\alpha^{-40} \equiv \delta^{22} \equiv \alpha^{22 \times 45} \pmod{2017}$$

所以我們正在尋找的離散對數就是

$$x = 22 \times 45 + 40 = 1030$$

在計算嬰兒步集合時，需要 45 個模乘法運算加上巨人步 21 個共需 66 個模乘法運算；但窮舉法則需 1029 個模乘法運算才能了事。另一方面，嬰兒步中需要儲存 45 個元素的空間；但窮舉法僅需 3 個。這就是前面提及的「以空間（3 增加到 45）換取時間（1029 減少到 66）。」此法所需的時間與空間同樣大約是 $\sqrt{p-1}$。若 $p > 2^{160}$，則此法計算離散對數依舊行不通。這意味著，計算離散對數的演算法仍需聰明的你繼續努力；還有一條漫長的路要走。

下面我們會提供一些更有效的解離散對數問題的方法。雖然如此，人們還是相信，計算離散對數一般來講是困難的。這個假設乃是一些密碼系統的理論基礎。

更一般地，一個函數 $f(x)$ 稱之為單向函數 (one-way function) 如果函數值 $f(x)$ 是容易並可快速計算的；但給予 y，要找滿足 $f(x) = y$ 的 x 在計算上是不可行的。模次冪可能就是這種函數的一個例子。計算 $\alpha^x \pmod{p}$ 是容易的；但在同餘方程式 $\alpha^x \equiv \beta \pmod{p}$ 當中計算次冪 x，則有可能是困難無比的。大質數相乘也可以看成是一個單向函

數：兩個質數相乘是容易的，但反過來，要分解其結果尋回原來的質因數，那可就困難重重了。

一方面，單向函數在密碼學上不僅提供了建構密碼系統的理論基礎，還有許多不同的應用。另一方面，從知道是單向函數到設計一套實用的密碼，看起來，似乎也是一條漫漫長路。如何利用數學領域的難題，打造成一個銅牆鐵壁般的密碼，這需要活潑有生氣的靈感，來讓死胡同變成活巷弄。面對我們的乃是一門不折不扣貨真價實的藝術課程。

11.4 密碼系統艾加莫

如何利用離散對數問題的困難，來打造設計密碼呢？

聰明的你，有任何腹案或想法嗎？

現在就有請三毛、四郎出場，帶領大家來看看當年艾加莫[3](ElGamal)所想出來的東西。假設三毛要傳遞數位信息 x 給四郎，演算法如下：

1. 首先四郎選取一個大質數 p 及整數 $\alpha \pmod{p}$。
2. 同時他也選取一祕密整數 a 並計算 $\beta \equiv \alpha^a \pmod{p}$。
3. 四郎將 (p, α, β) 公開，但將 a 保持私密。

---

[3] 塔希爾・艾加莫 (Taher ElGamal) 乃埃及裔美國人，1955 年 8 月 18 日出生於埃及開羅；1977 年開羅大學畢業並於 1981 及 1984 年在史丹佛大學分別拿到碩士及博士學位，是赫爾曼的博士生。被稱為安全套接層 (Secure Sockets Layer, SSL) 之父。SSL 採用公開密鑰技術，保證兩個應用間通信的保密性和可靠性，使客戶與伺服器應用之間的通信不被攻擊者竊聽。它在伺服器和客戶機兩端可同時被支持，目前已成為網際網路上保密通訊的工業標準。現行的 Web 瀏覽器亦普遍將 HTTP 和 SSL 相結合，從而實現安全通信。此協議其繼任者是 TLS。

4. 三毛則根據四郎所公開的鑰匙，選取一個隨機整數 k，並算出密碼文 (y_1, y_2)，此處 $y_1 \equiv \alpha^k$，$y_2 \equiv x\beta^k \pmod{p}$。

5. 她送出密碼文 (y_1, y_2) 給四郎。

6. 最後四郎據此解密如下：$y_2 y_1^{-a} \pmod{p}$，此乃原來的明文 x。

這就艾加莫於 1985 年所提出的密碼系統 [14]。這個系統是一個非定性的系統，因密文不僅與明文有關，且跟三毛選的隨機整數 k 有關。所以同一明文就會產生許許多多不同的密文。

▲塔希爾・艾加莫
出處：Alexander Klink

　　用口語化的方式來描述，這個系統是如此運作的。明文 x 透過乘以 β^k 來偽裝產生密文 y_2，而 α^k 之值也當成密文的一部分一起送過去。四郎因為知道祕密次冪 a，故可透過 α^k 之值來算出 β^k 之值；然後他再將 y_2 除以 β^k 來解除偽裝得回原有的信息 x。

● 例題 11.4

假設 $p = 13457$, $\alpha = 3$, $a = 711$, 因而 $\beta \equiv \alpha^a \equiv 12103 \pmod{p}$。現在, 假設三毛想要傳遞信息 $x = 12345$ 給四郎。三毛選一隨機整數 $k = 1753$ 並算出

$$y_1 \equiv \alpha^k \equiv 7151 \text{ 及 } y_2 \equiv x\beta^k \equiv 5194 \pmod{p}$$

當四郎接到密文 $y = (y_1,\, y_2) = (7151,\, 5194)$ 後, 他可算出

$$x \equiv y_2 y_1^{-a} \equiv 12345 \pmod{p}$$

這就是三毛所送的原信息 x。

若三毛選另一隨機整數 $k' = 3149$ 並算出

$$y_1' \equiv \alpha^{k'} \equiv 13107 \text{ 及 } y_2' \equiv x\beta^{k'} \equiv 8645 \pmod{p}$$

這次四郎接到的密文是 $y' = (y_1',\, y_2') = (13107,\, 8645)$, 當他算出

$$y_2' y_1'^{-a} \equiv 12345 \pmod{p} \text{ 時,}$$

發現這還是三毛原來的那個信息 x。所以同一個明文會隨著加密者所選的隨機整數 k 得到不同的密文。

11.5　離散對數波赫法

前面已經提到過, 對小質數而言, 計算離散對數沒什麼了不起的; 試誤法或頂多用嬰兒步巨人步演算法即綽綽有餘也。但當質數變大時, 這兩個方法就都失效了。所以接下來這兩節, 我們提供兩個計算大質數離散對數的演算法, 即波立格—赫爾曼演算法與指數計算法。另外

還有一個重要的方法，就是所謂的生日攻擊法，請參閱《密碼學之旅——與 MATHEMATICA 同行》[42] 第九章第四節。

如上，α 為質數，我們要尋找 x 的值 $0 \le x < p-1$ 滿足 (11.2) 式：

$$\alpha^x \equiv \beta \quad (\bmod\, p)$$

🔐【決定 x 的奇偶性】

首先，我們決定 x 的奇偶性，亦即尋求在模 2 之下的 x 值。但這非常簡單，因為

$$(\alpha^{(p-1)/2})^2 \equiv \alpha^{p-1} \equiv 1 \quad (\bmod\, p)$$

所以 $\alpha^{(p-1)/2} \equiv \pm 1 \ (\bmod\, p)$。但不要忘記，我們前面假設 $p-1$ 是滿足同餘式 $\alpha^n \equiv 1 \ (\bmod\, p)$ 的最小正整數次冪 n，所以我們一定有

$$\alpha^{(p-1)/2} \equiv -1 \quad (\bmod\, p)$$

回到原來的同餘方程式 (11.2)，兩邊取 $(p-1)/2$ 次冪可得

$$\beta^{(p-1)/2} \equiv \alpha^{x(p-1)/2} \equiv (-1)^x \quad (\bmod\, p)$$

因此之故，若 $\beta^{(p-1)/2} \equiv +1$，則 x 為偶數；否則 x 為奇數。

● 例題 11.5

假設我們要解同餘方程式 $2^x \equiv 9 \ (\bmod\, 11)$。因為

$$\beta^{(p-1)/2} \equiv 9^5 \equiv (-2)^5 \equiv 1 \quad (\bmod\, 11)$$

所以 x 一定是偶數。實際上，$x = 6$ 如前面例題 11.1 所見。

🔐【波立格—赫爾曼演算法 (Pohlig-Hellman Algorithm)】

波立格[4]及赫爾曼兩個人在 1978 年將上述的方法推廣，得到一套計算離散對數的演算法 [36]。可惜，這套方法只適用於 $p-1$ 僅僅包含小質因子時。現在假設 $p-1$ 的標準分解式為

$$p - 1 = q_1^{r_1} q_2^{r_2} q_3^{r_3} \cdots q_d^{r_d}$$

為簡便計，將下標省略；所以假設 q^r 為其中之一。我們得先計算每一個 $L_\alpha(\beta) \pmod{q^r}$ 之值，再透過孫子定理合併起來得到

$$L_\alpha(\beta) \pmod{p-1}$$

回到 (11.2) 式，將所要解的 x 寫成 q 進制的表示法如下：

$$x = x_0 + x_1 q + x_2 q^2 + \cdots + x_{r-1} q^{r-1},\ 0 \le x_i \le q - 1 \tag{11.3}$$

我們將依序決定 $x_0,\ x_1,\ x_2,\ \cdots,\ x_{r-1}$，而後就可得到 $x \pmod{q^r}$。將 (11.3) 式兩邊同時乘上 $(p-1)/q$ 並整理之，得：

$$x\frac{p-1}{q} = x_0 \frac{p-1}{q} + (p-1)u \tag{11.4}$$

此處 $u = x_1 + x_2 q + \cdots + x_{r-1} q^{r-1}$ 為一整數。回到所要解的同餘式 (11.2)，兩邊取 $(p-1)/q$ 次冪得到

---

[4] 史提夫·波立格 (Stephen C. Pohlig) 是美國電機工程師，目前在 M.I.T. 林肯實驗室工作；曾在研究生時於史丹佛大學協助其指導教授赫爾曼開發冪密碼 (Exponential Cipher) 並取得第 4,424,414 號美國專利權，另外也提出解離散對數問題改進的演算法。

$$\beta^{(p-1)/q} \equiv \alpha^{x(p-1)/q} \stackrel{(11.4)}{=\!=\!=} \alpha^{x_0(p-1)/q}(\alpha^{p-1})^u \equiv \alpha^{x_0(p-1)/q} \pmod{p}$$

最後一個同餘式，我們用到了費馬小定理：$\alpha^{p-1} \equiv 1 \pmod{p}$。怎麼找這樣的 x_0 呢？q 是小質數的假設提醒我們，該是下達全面搜索令的時候了！只要列舉所有 $\alpha^{(p-1)/q}$ 的次冪

$$\alpha^{k(p-1)/q}, \, k = 0, \, 1, \, 2, \, 3, \, \cdots, \, q-1$$

然後依次過濾，直等到整數 $\beta^{(p-1)/q} \pmod{p}$ 出現時的那個 k 就是我們所要的 x_0。注意，因為 $\alpha^{m_1} \equiv \alpha^{m_2} \pmod{p} \Leftrightarrow m_1 \equiv m_2 \pmod{p-1}$，且因在模 $p-1$ 之下，次冪 $k(p-1)/q$ 兩兩相異，所以有唯一的一個 k 會是我們所要尋找的 x_0。

我們可依次施行此法來計算其他的係數 $x_1, x_2, \cdots,$ 不過得先改寫成同樣的形式。假設 $q^2 | p-1$，則令 $\beta_1 \equiv \beta\alpha^{-x_0} \equiv \alpha^{q(x_1+x_2q+\cdots)} \pmod{p}$。兩邊同時取 $(p-1)/q^2$ 次冪得到

$$\beta_1^{(p-1)/q^2} \equiv \alpha^{(p-1)(x_1+x_2q+\cdots)/q} \equiv \alpha^{x_1(p-1)/q}(\alpha^{p-1})^{x_2+\cdots} \equiv \alpha^{x_1(p-1)/q} \pmod{p}$$

再一次地，最後一個同餘式用到了費馬小定理。我們不可以計算 $(\beta_1^{p-1})^{1/q^2}$ 來充當 $\beta_1^{(p-1)/q^2}$，此乃因為分數次冪會惹麻煩多多。注意到，所有我們用到的次冪都是整數次冪。怎麼找 x_1 呢？方法如上，只要列舉所有 $\alpha^{(p-1)/q}$ 的次冪

$$\alpha^{k(p-1)/q}, \, k = 0, \, 1, \, 2, \, 3, \, \cdots, \, q-1$$

直等到整數 $\beta_1^{(p-1)/q^2} \pmod{p}$ 出現時的那個 k 就是我們的 x_1。

若 $q^3 \mid p-1$，則令 $\beta_2 \equiv \beta_1 \alpha^{-x_1 q}$ 且將同餘式兩邊取 $(p-1)/q^3$ 次冪，計算可得到 x_2。如此這般地可繼續直到 $q^{r+1} \nmid p-1$ 為止。因為我們無法使用分數次冪，所以必須停止。不過，我們已經找到了 $x_0, x_1,$ $x_2, \cdots, x_{r-1}$，當然就知道 $x \pmod{q^r}$。

◉例題 11.6

解同餘方程式 $7^x \equiv 11 \pmod{41}$。

● **解** 令 $p=41$，$\alpha=7$，$\beta=11$。因 $p-1=2^3 \cdot 5$，故有兩個質因子 $q=2$ 與 $q=5$。首先分別求出 $L_7(11) \pmod{8}$ 與 $L_7(11) \pmod{5}$ 之值。

⑴$q=2$：尋找模 8 下 x 之值，將 x 寫成 $x \equiv x_0 + 2x_1 + 4x_2$ $\pmod{8}$；

原同餘方程式變成 $7^{x_0+2x_1+4x_2} \equiv 11 \pmod{41}$ $\qquad(\dagger_1)$

在 $(\dagger_1)$ 式兩邊取 $20=(p-1)/2$ 次方，我們有

$$(7^{x_0+2x_1+4x_2})^{20} \equiv 11^{20} \overset{\text{費馬小定理}}{\Rightarrow} (7^{20})^{x_0} \equiv -1 \Rightarrow (-1)^{x_0} \equiv -1 \pmod{41}$$

所以得到 $x_0=1$。代回 $(\dagger_1)$ 式且將兩邊在模 p 下除以 7 變成

$$7^{2x_1+4x_2} \equiv 11 \times 7^{-1} \equiv 11 \times 6 \equiv 25 \pmod{41} \qquad(\dagger_2)$$

在 $(\dagger_2)$ 式兩邊取 $10=(p-1)/2^2$ 次方，我們有

$$(7^{2x_1+4x_2})^{10} \equiv 25^{10} \overset{\text{費馬小定理}}{\Rightarrow} (7^{20})^{x_1} \equiv 1 \Rightarrow (-1)^{x_1} \equiv 1 \pmod{41}$$

所以得到 $x_1=0$。代回 $(\dagger_2)$ 式變成

$$7^{4x_2} \equiv 25 \pmod{41} \qquad(\dagger_3)$$

在 ($\dagger_3$) 式兩邊取 $5 = (p-1)/2^3$ 次方，我們有

$$(7^{4x_2})^5 \equiv 25^5 \equiv -1 \Rightarrow (-1)^{x_2} \equiv -1 \quad (\text{mod } 41)$$

所以得到 $x_2 = 1$，因而模 8 下 x 之值為

$$x \equiv x_0 + 2x_1 + 4x_2 = 1 + 0 + 4 = 5 \quad (\text{mod } 8)$$

(2) $q = 5$：我們要找的是，在模 5 下 x 之值。原同餘方程式兩邊
取 $8 = (p-1)/5$ 次方，我們有

$$(7^8)^x \equiv 11^8 \Rightarrow (-4)^x \equiv 16 \quad (\text{mod } 41)$$

所以得到 $x \equiv 2 \ (\text{mod } 5)$。

總結以上，我們有 $x \equiv 5 \ (\text{mod } 8)$ 及 $x \equiv 2 \ (\text{mod } 5)$，透過孫
子定理將這些數結合在一起得到 $x \equiv 37 \ (\text{mod } 40)$。驗算一下：連
續平方得 $7^2 = 8$, $7^4 \equiv -18$, $7^8 \equiv -4$, $7^{16} \equiv 16$, $7^{32} \equiv 10 \ (\text{mod } 41)$；我
們有 $7^{37} = 7^{32} \cdot 7^4 \cdot 7 \equiv 10 \cdot (-18) \cdot 7 \equiv (-16) \cdot 7 \equiv 11 \ (\text{mod } 41)$，如所
求。

例題 11.7

第三度解同餘方程式 $5^x \equiv 3 \ (\text{mod } 2017)$。

解 令 $p = 2017$, $\alpha = 5$, $\beta = 3$。因為 $p - 1 = 2^5 \cdot 3^2 \cdot 7$，所以首先分別求
出 $L_5(3) \ (\text{mod } 32)$, $L_5(3) \ (\text{mod } 9)$, $L_5(3) \ (\text{mod } 7)$ 之值。

(1) $q = 2$：將 x 寫成 $x \equiv x_0 + 2x_1 + 4x_2 + 8x_3 + 16x_4 \ (\text{mod } 32)$；

原同餘方程式變成 $5^{x_0 + 2x_1 + 4x_2 + 8x_3 + 16x_4} \equiv 3 \ (\text{mod } 2017)$ ($\ddagger_1$)

在 ($\ddagger_1$) 式兩邊取 $1008 = (p-1)/2$ 次方，我們有

$$(5^{x_0 + 2x_1 + 4x_2 + 8x_3 + 16x_4})^{1008} \equiv 3^{1008} \overset{\text{費馬小定理}}{\Rightarrow} (5^{1008})^{x_0} \equiv 1 \Rightarrow (-1)^{x_0} \equiv 1 \quad (\text{mod } p)$$

所以得到 $x_0 = 0$。代回 $(\ddagger_1)$ 式變成

$$5^{2x_1+4x_2+8x_3+16x_4} \equiv 3 \pmod{2017} \qquad (\ddagger_2)$$

在 $(\ddagger_2)$ 式兩邊取 $504 = (p-1)/2^2$ 次方，我們有

$$(5^{2x_1+4x_2+8x_3+16x_4})^{504} \equiv 3^{504} \overset{\text{費馬小定理}}{\Rightarrow} (5^{1008})^{x_1} \equiv -1 \Rightarrow (-1)^{x_1} \equiv -1 \pmod{p}$$

所以得到 $x_1 = 1$。代回 $(\ddagger_2)$ 式且將兩邊在模 p 下除以 5^2 變成

$$5^{4x_2+8x_3+16x_4} \equiv 3 \times 5^{-2} \equiv 1291 \pmod{2017} \qquad (\ddagger_3)$$

在 $(\ddagger_3)$ 式兩邊取 $252 = (p-1)/2^3$ 次方，我們有

$$(5^{4x_2+8x_3+16x_4})^{252} \equiv 1291^{252} \overset{\text{費馬小定理}}{\Rightarrow} (5^{1008})^{x_2} \equiv -1 \Rightarrow (-1)^{x_2} \equiv -1 \pmod{p}$$

所以得到 $x_2 = 1$。代回 $(\ddagger_3)$ 式且將兩邊在模 p 下除以 5^4 變成

$$5^{8x_3+16x_4} \equiv 1291 \times 5^{-4} \equiv 896 \pmod{2017} \qquad (\ddagger_4)$$

在 $(\ddagger_4)$ 式兩邊取 $126 = (p-1)/2^4$ 次方，我們有

$$(5^{8x_3+16x_4})^{126} \equiv 896^{126} \overset{\text{費馬小定理}}{\Rightarrow} (5^{1008})^{x_3} \equiv 1 \Rightarrow (-1)^{x_3} \equiv 1 \pmod{2017}$$

所以得到 $x_3 = 0$。代回 $(\ddagger_4)$ 式變成

$$5^{16x_4} \equiv 896 \pmod{2017} \qquad (\ddagger_5)$$

在 $(\ddagger_5)$ 式兩邊取 $63 = (p-1)/2^5$ 次方，我們有

$$(5^{16x_4})^{63} \equiv 896^{63} \Rightarrow (5^{1008})^{x_4} \equiv 1 \Rightarrow (-1)^{x_4} \equiv 1 \pmod{2017}$$

所以得到 $x_4 = 0$，因而模 32 下 x 之值為

$$x = x_0 + 2x_1 + 4x_2 + 8x_3 + 16x_4 = 0 + 2 + 4 + 0 + 0 = 6 \quad (\mathrm{mod}\ 32)$$

(2) $q = 3$：求在模 9 下 x 之值。將 x 寫成 $x \equiv y_0 + 3y_1 \ (\mathrm{mod}\ 9)$；

原同餘方程式變成 $5^{y_0 + 3y_1} \equiv 3 \ (\mathrm{mod}\ 2017)$ $\qquad$ ($\ddagger_6$)

在 ($\ddagger_6$) 式兩邊取 $672 = (p-1)/3$ 次方，我們有

$$(5^{y_0+3y_1})^{672} \equiv 3^{672} \overset{\text{費馬小定理}}{\Longrightarrow} (5^{672})^{y_0} \equiv 294 \Rightarrow 294^{y_0} \equiv 294 \quad (\mathrm{mod}\ p)$$

所以得到 $y_0 = 1$。代回 ($\ddagger_6$) 式且將兩邊在模 p 下除以 5 變成

$$5^{3y_1} \equiv 3 \times 5^{-1} \equiv 404 \quad (\mathrm{mod}\ 2017) \qquad (\ddagger_7)$$

在 ($\ddagger_7$) 式兩邊取 $224 = (p-1)/3^2$ 次方，我們有

$$(5^{3y_1})^{224} \equiv 404^{224} \Rightarrow (5^{672})^{x_1} \equiv 294 \Rightarrow 294^{y_1} \equiv 294 \quad (\mathrm{mod}\ p)$$

所以得到 $y_1 = 1$，因而模 9 下 x 之值為

$$x = y_0 + 3y_1 = 1 + 3 = 4 \quad (\mathrm{mod}\ 9)$$

(3) $q = 7$：我們要找的是，在模 7 下 x 之值。原同餘方程式兩邊

取 $288 = (p-1)/7$ 次方，我們有

$$(5^{288})^x \equiv 3^{288} \Rightarrow 1879^x \equiv 1879 \quad (\mathrm{mod}\ p)$$

所以得到 $x \equiv 1 \ (\mathrm{mod}\ 7)$。

總結以上，我們有 $x \equiv 6 \ (\mathrm{mod}\ 32)$, $x \equiv 4 \ (\mathrm{mod}\ 9)$ 及 $x \equiv 1$ $(\mathrm{mod}\ 7)$，透過孫子定理將這些結合在一起得 $x \equiv 1030$ $(\mathrm{mod}\ 2016)$。

下面我們把第一節的那個特例，利用波赫演算法計算如下：

● 例題 11.8

解同餘方程式 $3^x \equiv 2 \pmod{65537}$。

● 解　令 $p = 65537$，$\alpha = 3$，$\beta = 2$。因 $p - 1 = 2^{16}$，故只有一個質因子 $q = 2$。將 x 寫成下列形式，並依序算出 x_i，$i = 0, 1, 2, \cdots, 15$：

$$x = x_0 + 2x_1 + 4x_2 + 8x_3 + 16x_4 + 32x_5 + 64x_6 + 128x_7 + 256x_8 \\ + 512x_9 + 1024x_{10} + 2048x_{11} + 4096x_{12} + 8192x_{13} + 16384x_{14} \\ + 32768x_{15}$$

原同餘方程式為

$$3^{x_0 + 2x_1 + 4x_2 + \cdots + 32768x_{15}} \equiv 2 \quad \pmod{65537} \tag{11.5}$$

下面的計算我們會用到同餘式 $3^{65536} \equiv 1$ 及 $3^{32768} \equiv -1$ (mod 65537)。

上式 (11.5) 兩邊取 32768 次冪，得到 $x_0 = 0$；因為

$$3^{32768x_0} \equiv 2^{32768} = (2^{16})^{2048} \equiv (-1)^{2048} = 1 \Rightarrow (-1)^{x_0} \equiv 1 \quad \pmod{65537}$$

所以 (11.5) 式變成

$$3^{2x_1 + 4x_2 + 8x_3 + \cdots + 32768x_{15}} \equiv 2 \quad \pmod{65537} \tag{11.6}$$

上式兩邊取 16384 次冪，得到 $x_1 = 0$；因為

$$3^{32768x_1} \equiv 2^{16384} = (2^{16})^{1024} \equiv (-1)^{1024} = 1 \Rightarrow (-1)^{x_1} \equiv 1 \quad \pmod{65537}$$

因為 $2^{16} \equiv -1 \pmod{65537}$，所以同樣的模式會再重複 9 次；總共 11 次，從 $2048 = 2^{11}$ 降到 $2 = 2^1$ 為止。因而有 $x_0 = x_1 = \cdots = x_{10} = 0$。

所以 (11.6) 式現在變成

$$3^{2048x_{11}+4096x_{12}+\cdots+32768x_{15}} \equiv 2 \quad (\text{mod } 65537) \tag{11.7}$$

上式兩邊取 16 次冪, 得到 $x_{11} = 1$; 因為

$$3^{32768x_{11}} \equiv 2^{16} \equiv -1 \Rightarrow (-1)^{x_{11}} \equiv -1 \quad (\text{mod } 65537)$$

將 $x_{11} = 1$ 代回 (11.7) 式並將兩邊除以 3^{2048}, 得到

$$3^{4096x_{12}+8192x_{13}+16384x_{14}+32768x_{15}} \equiv 2 \cdot 3^{-2048} \equiv 16384 \quad (\text{mod } 65537) \tag{11.8}$$

上式兩邊取 8 次冪, 得到 $x_{12} = 1$; 因為

$$3^{32768x_{12}} \equiv 16384^8 \equiv -1 \Rightarrow (-1)^{x_{12}} \equiv -1 \quad (\text{mod } 65537)$$

將 $x_{12} = 1$ 代回 (11.8) 式並將兩邊除以 3^{4096}, 得到

$$3^{8192x_{13}+16384x_{14}+32768x_{15}} \equiv 16384 \cdot 3^{-4096} \equiv 256 \quad (\text{mod } 65537) \tag{11.9}$$

上式兩邊取 4 次冪, 得到 $x_{13} = 0$; 因為

$$3^{32768x_{13}} \equiv 256^4 = 2^{32} \equiv 1 \Rightarrow (-1)^{x_{13}} \equiv 1 \quad (\text{mod } 65537)$$

所以 (11.9) 式變成

$$3^{16384x_{14}+32768x_{15}} \equiv 256 \quad (\text{mod } 65537) \tag{11.10}$$

上式兩邊取平方, 得到 $x_{14} = 1$; 因為

$$3^{32768x_{14}} \equiv 256^2 = 2^{16} \equiv -1 \Rightarrow (-1)^{x_{14}} \equiv -1 \quad (\text{mod } 65537)$$

將 $x_{14} = 1$ 代回 (11.10) 式並將兩邊除以 3^{16384}, 得到 $x_{15} = 1$; 因為

$$3^{32768x_{15}} \equiv 256 \cdot 3^{-16384} \equiv 256 \cdot 256 = 2^{16} \equiv -1$$

$$\Rightarrow (-1)^{x_{15}} \equiv -1 \pmod{65537}$$

總結上面所計算的結果:

$$x_0 = x_1 = \cdots = x_{10} = x_{13} = 0, \ x_{11} = x_{12} = x_{14} = x_{15} = 1$$

故得同餘方程式 $3^x \equiv 2 \pmod{65537}$ 之解為

$$x = 2048 + 4096 + 16384 + 32768 = 55296$$

🔑【波立格—赫爾曼演算法之 MATHEMATICA®程式】

看完上面的實例之後, 深深覺得其計算之繁複但卻很有規律。我們定義如下指令來執行相關的計算:

🔒 ph[p,alp,bet,q,r] 會將質數 p 之下, 以 alp 為底 bet 的離散對數在模 q^r 的值 x 算出來, 並輸出此值前冠以 $x =$ 後附上 $(\bmod q^r)$。

上述非 MATHEMATICA 內建指令之程式如下:

```
ph[p_,alp_,bet_,q_,r_] := Do[b[0] = bet;
  c[0] = PowerMod[{alp,bet},(p-1)/q,p];
  d[0] = Table[If[PowerMod[c[0][[1]],k,p]
      == c[0][[2]],1,0],{k,0,q-1}];
```

───────────

❺數學運算大師 MATHEMATICA® 是美國沃爾夫勒姆公司 (Wolfram Research) 所研發出來的一套由電腦來演算數學的系統。請參閱《數論輕鬆遊》[43] 一文第一節的簡介, 幾分鐘後聰明的你就可以遨遊在當中。

```
x[0] = Position[d[0],Max[d[0]]][[1]][[1]] - 1;
 b[i_] := b[i] = Mod[b[i-1] * PowerMod[alp,
                -q^(i-1) * x[i-1],p],p];
 c[i_] := c[i] = PowerMod[{alp,b[i]},
                {(p-1)/q,(p-1)/q^(i+1)},p];
d[i_] := d[i] = Table[If[PowerMod[c[i][[1]],k,p]
        == c[i][[2]],1,0],{k,0,q-1}];
x[i_] := x[i]
        = Position[d[i],Max[d[i]]][[1]][[1]] - 1;
Print["x = ",Sum[q^k * x[k],{k,0,r-1}],
                "(mod",q^r")"]]
```

● 例題 11.9

將上面三個例題再用 MATHEMATICA 計算一次。

首先執行上面的程式, 那麼 MATHEMATICA 才知道指令 ph 是什麼! 下面有 In[2] 者是當你執行之後 MATHEMATICA 自動會產生, 裏頭的數字 2 指的就是第二個輸入; 另外會自動產生當然是輸出, Out[2] 者指的就是第二個輸出, 也就是你所要的答案。

1. 第一個例題: 解同餘方程式 $7^x \equiv 11 \pmod{41}$

  (a)輸入 p, α, β 之值

```
In[2] := p = 41; alp = 7; bet = 11;
FactorInteger[p-1]
Out[2] = {{2, 3}, {5, 1}}
```

  (b)執行指令 ph[p, alp, bet, q, r] 在 $q = 2$, $r = 3$ 上

```
In[3] := ph[p, alp, bet, 2, 3]
        Clear[b, c, d, x]
Out[3] = x = 5 (mod 8)
```

(c)執行指令 ph[p, alp, bet, q, r] 在 $q=5, r=1$ 上

```
In[5] := ph[p, alp, bet, 5, 1]
         Clear[b, c, d, x]
Out[5] = x = 2  (mod 5)
```

(d)透過孫子定理將這些數結合在一起得到

```
In[7] := ChineseRemainder[{5, 2}, {8, 5}]
Out[7] = 37
```

(e)驗算答案對否?

```
In[8] := PowerMod[alp, 37, p]
Out[8] = 11
```

2.第二個例題：解同餘方程式 $5^x \equiv 3 \pmod{2017}$

(a)輸入 p, α, β 之值

```
In[9] := p = 2017; alp = 5; bet = 3;
FactorInteger[p - 1]
Out[9] = {{2, 5}, {3, 2}, {7, 1}}
```

(b)執行指令 ph[p, alp, bet, q, r] 在 $q=2, r=5$ 上

```
In[10] := ph[p, alp, bet, 2, 5]
          Clear[b, c, d, x]
Out[10] = x = 6  (mod 32)
```

(c)執行指令 ph[p, alp, bet, q, r] 在 $q=3, r=2$ 上

```
In[11] := ph[p, alp, bet, 3, 2]
          Clear[b, c, d, x]
Out[11] = x = 4  (mod 9)
```

(d)執行指令 ph[p, alp, bet, q, r] 在 $q=7, r=1$ 上

```
In[12] := ph[p, alp, bet, 7, 1]
          Clear[b, c, d, x]
Out[12] = x = 1  (mod 7)
```

(e)透過孫子定理將這些數結合在一起得到

```
In[13]:=ChineseRemainder[{6, 4, 1},
                         {32, 9, 7}]
Out[13]=1030
```

(f)驗算答案對否?

```
In[14]:=PowerMod[alp, 1030, p]
Out[14]=3
```

3.第三個例題: 解同餘方程式 $3^x \equiv 2 \ (\mathrm{mod}\ 65537)$

(a)輸入 $p,\ \alpha,\ \beta$ 之值

```
In[15]:=p=65537; alp=3; bet=2;
FactorInteger[p-1]
Out[15]={{2, 16}}
```

(b)執行指令 ph[p, alp, bet, q, r] 在 $q=2,\ r=16$ 上

```
In[16]:=ph[p, alp, bet, 2, 16]
        x=55296 (mod 65536)
```

(c)驗算答案對否?

```
In[17]:=PowerMod[alp, 55296, p]
Out[17]=2
```

在上面的演算法中，只要所涉及的質數 q 是合乎常理的小，則所有的計算都可以快速的完成。然而，當 q 變大時，計算下面 q 個數

$$\alpha^{k(p-1)/q},\ k=0,\ 1,\ 2,\ 3,\ \cdots,\ q-1$$

變成不可行。所以在此種情況下，這個演算法是不實用的。這意味著，如果我們想要讓離散對數問題難解，那麼我們應該確定 $p-1$ 的因數中包含有大的質數。

值得一提的是，即使 $p-1=tq$ 包含有大的質因數 q，當另一因數 t 是由小質數的乘積組成時，這個演算法可決定在模 t 之下離散對數的值。因而，β 通常被選為 α^t 的次冪。則在模 t 之下離散對數的值自動為 0，所以此離散對數只隱藏模 q 之下的資訊，而此資訊乃是這個演算法所無能為力者。若離散對數 x 代表一祕密（或更好些，t 乘上一祕密），這意味著，一個攻擊者要透過模 t 之下所決定的 x 值是無法獲取 x 的部分資訊，因為沒有資訊是如此隱藏的。這個構想被使用在數位簽署標準的演算法中，請參閱《密碼學之旅 —— 與 MATHEMATICA 同行》[42] 第九章第五節。

11.6　指數計算另一法

指數計算法 (Index Calculus) 的構想類似於因數分解法中的二次篩法。再一次地，我們試著要解同餘方程式 (11.2)

$$\alpha^x \equiv \beta \pmod{p}$$

此處 p 為一大質數，α 為模 p 的一個原根。

首先，有一計算前的預備步驟。令 B 為一正整數且令 $p_1, \cdots, p_m$ 為小於 B 之所有質數的集合，稱之為因數基底 (factor base)。對幾個 k 值，計算在模 p 之下 $\alpha^k \pmod{p}$ 之值。對每一個這種數，試著寫成小於 B 之質數的乘積。若否，則將此 α^k 丟棄。若 $\alpha^k \equiv \Pi p_i^{a_i} \pmod{p}$，則我們有一個這些質數之離散對數的線性關係式

$$k \equiv \Sigma a_i L_\alpha(p_i) \pmod{p-1}$$

當我們得到足夠多（至少 m 個以上）的此種關係式時，我們就能解出每一個這些質數之離散對數 $L_\alpha(p_i)$。

接著，對隨機整數 r，計算 $\beta\alpha^r \pmod{p}$ 之值。對每一個這種數，試著寫成小於 B 之質數的乘積。若成功的話，我們就有

$$\beta\alpha^r \equiv \Pi p_i^{b_i} \pmod{p}$$

亦即

$$L_\alpha(\beta) \equiv -r + \Sigma b_i L_\alpha(p_i) \pmod{p-1}$$

若 p 為一普通大小的數，則此演算法有效。這意味著，如果要讓離散對數問題是困難的，那麼應該選取 p 至少 200 位數，才能如願以償。

● 例題 11.10

例題 11.6 重現：解同餘方程式 $7^x \equiv 11 \pmod{41}$。

如上，我們有 $p = 41$，$\alpha = 7$。令 $B = 10$，所以因數基底為 $\{2, 3, 5, 7\}$。計算之，可得

$$7^1 \equiv 7,\ 7^2 \equiv 2^3,\ 7^3 \equiv 3\cdot 5,\ 7^6 \equiv 2^2\cdot 5 \pmod{41}$$

所以我們有下面線性關係式

$$1 \equiv L_7(7),\ 2 \equiv 3L_7(2),\ 3 \equiv L_7(3) + L_7(5),\ 6 \equiv 2L_7(2) + L_7(5) \pmod{40}$$

由第二個式子，我們有 $L_7(2) \equiv 3^{-1}\cdot 2 \equiv (-13)\cdot 2 \equiv 14 \pmod{40}$。將此代入第四個式子得 $L_7(5) \equiv 6 - 28 \equiv 18 \pmod{40}$。由此代入第三個式子得 $L_7(3) \equiv 3 - 18 \equiv 25 \pmod{40}$。此線性系統也可由下列矩陣方程式解之，乾淨俐落：

$$\begin{pmatrix} 0 & 0 & 0 & 1 \\ 3 & 0 & 0 & 0 \\ 0 & 1 & 1 & 0 \\ 2 & 0 & 1 & 0 \end{pmatrix}\begin{pmatrix} L_7(2) \\ L_7(3) \\ L_7(5) \\ L_7(7) \end{pmatrix} \equiv \begin{pmatrix} 1 \\ 2 \\ 3 \\ 6 \end{pmatrix} \pmod{40}$$

這就完成了計算前的預備工作。

我們現在要計算以 7 為底 11 的離散對數 $L_7(11)$。試幾個隨機選擇的次冪得到 $11 \cdot 7^1 \equiv 2^2 \cdot 3^2 \pmod{41}$，所以

$$L_7(11) \equiv -1 + 2L_7(2) + 2L_7(3) \equiv -1 + 28 + 50 \equiv 37 \pmod{40}$$

因此我們再次得到 $L_7(11) = 37$。

⬤ 例題 11.11

解同餘方程式 $2^x \equiv 29 \pmod{131}$。

⬤ 解　令 $p = 131$，$\alpha = 2$。令 $B = 10$，所以我們有如上例一模一樣的因數基底 $\{2, 3, 5, 7\}$。計算之，可得 $2^1 \equiv 2$，$2^8 \equiv 5^3$，$2^{12} \equiv 5 \cdot 7$，$2^{14} \equiv 3^2$，因而有線性關係式如下：

$$1 \equiv L_2(2), \ 8 \equiv 3L_2(5), \ 12 \equiv L_2(5) + L_2(7), \ 14 \equiv 2L_2(3) \pmod{130}$$

由第二個同餘式，我們有 $L_2(5) \equiv 3^{-1} \cdot 8 \equiv (-43) \cdot 8 \equiv 46 \pmod{130}$。將此代至第三個同餘式得到 $L_2(7) \equiv 12 - 46 \equiv 96 \pmod{130}$。由第四個同餘式，我們僅僅得到 $L_2(3)$ 在模 65 之下的值，因為 $\gcd(2, 130) \neq 1$。在模 130 之下，這給了我們兩個不同的選擇機會。所以

$$L_2(3) \equiv 7 \ \text{或} \equiv 72 \pmod{130}$$

這就完成了計算前的預備工作。

我們現在要計算以 2 為底 29 的離散對數 $L_2(29)$，試幾個隨機選擇的次冪得到

$$29 \cdot 2^{60} \equiv 2 \times 3^2 \times 7 \quad (\text{mod } 131)$$

因而有

$$L_2(29) \equiv -60 + 1 + 2L_2(3) + L_2(7)$$
$$\equiv -59 + 2 \cdot 7 + 96 \,(\text{或} -59 + 2 \cdot 72 + 96) \quad (\text{mod } 130)$$

故得

$$L_2(37) \equiv 51 \text{ 或 } 51 \quad (\text{mod } 130)$$

兩種可能性乘 2 之後都是 14 (mod 130)，同歸於一；正確的答案就是 $L_2(29) = 51$。

當然，一旦計算前的預備工作完成，這些東西可重複使用來計算同一質數同一個底，但不同數的離散對數。譬如說要計算 $L_2(79)$，試幾個隨機選擇的次冪得到 $79 \cdot 2^{25} \equiv 3^2 \cdot 7 \,(\text{mod } 131)$。因而有

$$L_2(79) \equiv -25 + 2 \cdot 72 + 96 \equiv 85 \quad (\text{mod } 130)$$

故得 $L_2(79) = 85$。

如果我們用指數計算法來解前面的例題 11.7 及例題 11.8，又是個什麼光景呢? 會更快或更慢呢? 因為這兩個問題所求的是 2 以及 3 的離散對數，而這剛好在預備工作就會碰到的。也就是說，預備工作完畢而答案也有了，所以看來是挺簡單的; 但另一方面，其對應的模數

2017 及 65537 卻大了蠻多的，所以看起來似乎會更難。我們且拭目以待！

● 例題 11.12

用指數計算法第四度解同餘方程式 $5^x \equiv 3 \pmod{2017}$。

● 解　不管因數基底是什麼，計算 $5^x \pmod{2017}$, $1 \le x \le 100$ 並分解。

　　一眼望去，滿目瘡痍；然而運氣奇佳無比，因為竟然出現

$$5^{44} \equiv 3^2 \pmod{2017}$$

因而有線性關係式如下：

$$44 \equiv 2L_5(3) \pmod{2016}$$

第二講第二節「時鐘算術模世界」告訴我們，有兩個解

$$22 \text{ 及 } 22 + 2016/2 = 1030$$

那一個呢？一試便知。

● 例題 11.13

指數計算法解同餘方程式 $3^x \equiv 2 \pmod{65537}$。

● 解　不管因數基底是那些，計算 $3^x \pmod{65537}$, $11 \le x \le 823$ 並分解之。一眼望去，不僅滿目瘡痍而運氣也不怎麼樣；只好硬著頭皮一一過濾質因子不超過 20 者，共有 11 個。第二次過濾質因子不超過 12 的，也有五個之多；而不超過 12 的質數正好有五個，所以可以試試看。因此實際上我們的因數基底 $B = \{2, 3, 5, 7, 11\}$。這五個分解式為

$$3^{199} \equiv 2 \times 5^3 \times 7^2, \ 3^{349} \equiv 11^3, \ 3^{613} \equiv 2 \times 5^2 \times 11 \quad (\mathrm{mod}\, 65537)$$
$$3^{706} \equiv 2^9 \times 5 \times 11, \ 3^{813} \equiv 2^5 \times 7 \times 11^2 \quad (\mathrm{mod}\, 65537)$$

再仔細看這五個，其中有三個不含 7 為其因子；而 3 是底沒煩惱，涉及的質數只剩 2, 5, 11 三個。所以我們不妨先試試這三個同餘式，得到線性關係式如下：

$$349 \equiv 3L_3(11) \quad (\mathrm{mod}\, 65536)$$
$$613 \equiv L_3(2) + 2L_3(5) + L_3(11) \quad (\mathrm{mod}\, 65536)$$
$$706 \equiv 9L_3(2) + L_3(5) + L_3(11) \quad (\mathrm{mod}\, 65536)$$

第二講第二節「時鐘算術模世界」告訴我們，

$$L_3(11) \equiv 3^{-1} \times 349 \equiv 43691 \times 349 \equiv 43807 \quad (\mathrm{mod}\, 65536)$$

將其代入其他兩式，得到

$$L_3(2) + 2L_3(5) \equiv 22342, \ 9L_3(2) + L_3(5) \equiv 22435 \quad (\mathrm{mod}\, 65536)$$

加減消去法，得到

$$17L_3(2) \equiv 22528 \Rightarrow L_3(2) \equiv 17^{-1} \times 22528 \equiv 55296 \quad (\mathrm{mod}\, 65536)$$

終於大功告成。

第十二講

數位簽署難上難—不著一字自風流

前面述說公鑰密碼多傳奇時，我們提到迪菲一箭雙鵰地解決了鑰匙發送及數位簽署兩個看似毫無關聯的問題。其關鍵在所謂的單向函數上。你若擁有一個單向函數，要在一份文件上簽名；那麼就用不公開的（解密）鑰匙來完成簽名的動作，任何其他人可透過公開的（加密）鑰匙將其還原成先前的文件，就知道這就是你簽名過的文件。

> 簽過名，但不留一絲絲痕跡。

難以複製的部分彰顯在單向函數的逆方向，而不是字面上複製的意思。在最後一講我們就稍稍地討論一下這個問題。

12.1 古今中外簽名觀

中外古今習慣上，人們使用各式各樣的簽名，作為簽名者本人與文件或作品之間的一個連結或證明。在有些需要介紹信的場合，通常會要求寫介紹信的人，將信放入信封袋之後，加以彌封並在彌封處簽上大名；這意味著，介紹信乃是此人親自寫的而非他人假冒的。在華人社會中，許多的簽名，實際上是用蓋章來取代；如此這般就產生了中國人特有的印章文化，多采多姿。其意義相仿，但更容易作假仿冒形成所謂的橡皮圖章。在現代商業交易行為當中，信用卡帳單需要你的簽名，售貨員得核對你的簽名與信用卡上面的簽名是否吻合。然而，就在今日電子商務與電子文件的你來我往當中，這種方式的簽名也好、蓋章也好仍然行得通嗎? 值得三思!

譬如說，你要在一份電子文件簽上你的大名，為什麼不能僅僅將你的簽字數位化然後附在文件上呢？此乃因為任何人只要接觸到你在某一份文件上的簽字，那樣一來只需要將這份文件上的簽字移除或加以拷貝，然後再貼到其他需要的地方，如一張巨額的支票上面。若是傳統簽名，你得將簽名剪掉或影印，再貼入支票。這種做法，當然是很難為人所接受而成為有效的簽名。然而，在電腦裡面，若真是要偽造這種文件檔案的話，那不僅僅相當容易而且可以跟原版完全一樣難以區分。

這就是為什麼當年迪菲在思考這個問題的時候，骨子裡就認為，這簽名看起來就是不可能達成的任務。他一向的論點都是：為求有效，簽名必須是難以複製；然而，如何在一個可複製得跟原版一模一樣的數位信息當中簽上尊姓大名呢？

所以，我們要求數位簽署不可以跟它原來的信息分離，也不可以附在原信息上面。也就是說，簽名不僅僅要跟簽名者連結在一起，也要跟被簽署的信息連結在一起。再者，數位簽署必須很容易被對方或其他的第三者來驗證。因此之故，數位簽署的方法包含兩個迥然不同的步驟：一個是簽署的過程，另一個是驗證的過程。

下面我們就透過瑞沙葉 (RSA) 演算法及艾加莫 (ElGamal) 演算法討論相關的簽署方法。

12.2　一箭雙鵰瑞沙葉

還記得嗎？在瑞沙葉密碼系統中，若三毛要傳遞信息 x 給四郎，其加密、解密的步驟如下：

1. 準備工作：首先四郎選取相異大質數 p_4, q_4，並相乘得 $n_4 = p_4 q_4$；然後選取與 $\varphi(n_4) = (p_4 - 1)(q_4 - 1)$ 互質的加密次冪 e_4，得到四郎的公開鑰匙 (n_4, e_4)，而 p_4, q_4 為其私密鑰匙。另一方的三毛則必

須將所要傳送的信息 x 數位化成 m_3（假設 $m_3 < n_4$）。

2. 三毛加密：三毛計算密文 $c_3 \equiv m_3^{e_4} \pmod{n_4}$，然後將密文 c_3 公開傳送給四郎。

3. 四郎解密：四郎用他的私密鑰匙 p_4, q_4，算出 $\varphi(n_4)$；再利用延伸輾轉相除求得解密鑰匙 d_4，滿足 $d_4 e_4 \equiv 1 \pmod{\varphi(n_4)}$。最後四郎將密文 c_3 取 d_4 次冪，即可還原成明文並讀取此信息：

$$m_3 \equiv c_3^{d_4} \pmod{n_4}$$

現在變化一下情景：假設四郎擁有一份已經數位化後的文件 m_4，三毛同意在上面簽名。如何根據上面瑞沙葉演算法，來幫助他們設計一套演算法，完成他們的心願呢？因為加、解密運算的形式是一樣的，聰明的你應該胸有成竹才是。三毛簽名、四郎驗證步驟如下：

1. 準備工作：三毛選取兩個大質數 p_3, q_3 並計算其乘積 $n_3 = p_3 q_3$。她同時又選取與 $\varphi(n_3) = (p_3 - 1)(q_3 - 1)$ 互質的加密次冪 e_3，並計算在模 $\varphi(n_3)$ 之下 e_3 的乘法反元素 d_3。三毛將 (n_3, e_3) 公開，如上網、印在名片上或放在電話簿內，但 d_3, p_3, q_3 則保持私密。

2. 三毛簽名：三毛計算簽署文為 $s_3 \equiv m_4^{d_3} \pmod{n_3}$，並將明文及簽署文 (m_4, s_3) 公開之。

3. 四郎驗證：四郎或任何其他第三者皆可驗證簽署文 s_3 的確是三毛所簽名過的文件，先下載或查出三毛的公開鑰匙 (n_3, e_3)，並計算 $z_4 \equiv s_3^{e_3} \pmod{n_3}$。若是 $z_4 = m_4$，則四郎或任何其他第三者接受此簽名為有效的，否則為無效。

這就是瑞沙葉演算法的逆過程，卻提供給我們道道地地的數位簽署演算法。接下去，先稍稍討論一下下可能的攻擊或相關的安全顧慮。

假設趙六姑要將三毛的簽名附在另一份信息 m_6 上。她不能僅僅使用數對 (m_6, s_3)，此乃因為 $s_3^{e_3} \not\equiv m_6 \pmod{n_3}$。所以她需要 s_6 滿足 $s_6^{e_3} \equiv m_6 \pmod{n_3}$。這就如同在破解一個瑞沙葉的密文 m_6 一樣，希望得到其對應的明文 s_6；但這在計算上，被認為是難於達成的任務。

另一種可能性是，六姑先選 s_6，再令信息為 $m_6 \equiv s_6^{e_3} \pmod{n_3}$。這在目前的方法之下，看不出有任何的破綻足以讓三毛否認信息 m_6 是她所簽署過的。然而，如此製造出來的信息 m_6 會具有任何的意義，那是非常不可能的。有可能只是一份隨機的數字串，而不太可能是一份要三毛付給六姑百萬現鈔的承諾書。所以，如果三毛聲明這份文件是被人偽造過的，那麼人們一定會相信她所說的。

● 例題 12.1

假設三毛不僅僅要在四郎的文件 m_4 上簽名且要加密後再傳送給四郎，而四郎則要驗證此文件的確是三毛簽名過後所送來的文件。首先，三毛與四郎都需要有各自的公開鑰匙分別為 (n_i, e_i)，$i = 3, 4$，其中 $n_i = p_i q_i$；還有各自的私密 d_i，故 $d_i e_i \equiv 1 \pmod{\varphi(n_i)}$，$i = 3, 4$。這些數如下所列：（三毛與四郎選的數其下標分別是 3 與 4）

$$p_3 = 1753, \ q_3 = 13457 \Rightarrow n_3 = p_3 q_3 = 23590121;$$

$$p_4 = 2791, \ q_4 = 75869 \Rightarrow n_4 = p_4 q_4 = 211750379;$$

$$e_3 = 5393 \Rightarrow d_3 = 22792433; \ e_4 = 4513 \Rightarrow d_4 = 101028337$$

假設四郎的文件信息 $m_4 = 14090305$ 為 nice（$a = 01$, $b = 02$, $\cdots$）；三毛在此文件 m_4 上簽名得到簽署文

$$s_3 \equiv m_4^{d_3} \pmod{n_3} = 6732925$$

三毛在未傳送給四郎之前，可將明文簽署文數對 (m_4, s_3) 用四郎的公鑰 (n_4, e_4) 加密得到數對 (37843685, 77722033)；四郎將此數對解密，即在模 n_4 之下取 d_4 次方得到明文簽署文數對

$$(m_4, s_3) = (14090305, 6732925)$$

為了要驗證此信息的確是三毛所簽署過的文件，四郎使用三毛公開的加密次冪 e_3 檢查如下：

$$s_3^{e_3} \pmod{n_3} = 14090305$$

得知這就是原信息，所以四郎接受這的確是三毛簽過名的信息。

12.3　小小修飾變盲簽

若將上述整個程序步驟做一個小小的變動，那麼就能提供給三毛一個機會，在不知文件內容之下去做簽署的動作。假設四郎有一個非常重要的發現。他要當眾記錄下他所作的東西（所以當時機來臨時他將擁有優先權可以獲得諾貝爾獎），但他不要任何其他的人知道細節（所以他可以從他自己的發明當中獲取巨利）。如果所要簽署的文件是 m_4，那麼四郎和三毛可如下進行：

🔒 三毛選取二個大質數 p_3, q_3 並計算其乘積 $n_3 = p_3 q_3$。她同時又選取與 $\varphi(n_3) = (p_3 - 1)(q_3 - 1)$ 互質的加密次冪 e_3，並計算在模 $\varphi(n_3)$ 之下 e_3 的乘法反元素 d_3。三毛將 (n_3, e_3) 公開，但 d_3, p_3, q_3 則保持私密。實際上，一旦簽完名即可將此三數從電腦的記憶體中刪除。

🔒 四郎選取一隨機整數 $k_4 \pmod{n_3}$ 並計算 $t_4 \equiv k_4^{e_3} m_4 \pmod{n_3}$，然後將 t_4 傳送給三毛。

◘ 三毛簽署 t_4 為 $s_3 \equiv t_4^{d_3} \pmod{n_3}$，然後將 s_3 回傳給四郎。

◘ 四郎算出 $s_3/k_4 \pmod{n_3}$，這就是簽署文 $m_4^{d_3} \pmod{n_3}$。

首先說明為何 $s_3/k_4 \pmod{n_3}$ 就是簽署文：注意

$$k_4^{e_3 d_3} \equiv (k_4^{e_3})^{d_3} \equiv k_4 \pmod{n_3}$$

因為這就是在瑞沙葉演算法中將 k_4 加密然後解密而已。所以

$$s_3/k_4 \equiv t_4^{d_3}/k_4 \equiv k_4^{e_3 d_3} m_4^{d_3}/k_4 \equiv m_4^{d_3} \pmod{n_3}$$

這就是簽署文 $m_4^{d_3}$。

因為 k_4 的選擇是隨機的，所以 $k_4^{e_3} \pmod{n_3}$ 乃是瑞沙葉演算法中，對一隨機整數的加密，還是隨機的。因此 $k_4^{e_3} m_4$ 在本質上並沒有提供我們有關 m_4 的任何蛛絲馬跡（雖然這無法掩藏像 $m = 0$ 的信息）。從這個角度來看，三毛對自己所簽署的文件內容是一無所知的。

一旦簽署的步驟完成，四郎所擁有的簽署文件就如同用標準的簽署步驟所得到的一樣。

此處存在著若干潛在的危機。例如，四郎可能設計三毛簽下一個要給付他百萬元應許的文件。所以需要有配套的防護措施來防止這一類的問題，我們在此不予討論。

上述的簽署方法稱之為盲簽 (blind signatures)，乃是由大衛・喬姆❶(David Chaum) 所發展出來的並且拿到好幾個這方面的專利，請參閱下表 [40]。

---

❶大衛・喬姆 (David Chaum) 是美國發明家與密碼專家，1955 年出生；以數位現金與數位投票系統著稱，其中最重要的技巧就是盲簽。
網站如下：http://www.chaum.com/。

美國專利號碼	日期	標題
4,795,063	07 / 19 / 88	Blind Signature Systems
4,795,064	07 / 19 / 88	Blind Unanticipated Signature Systems
4,914,698	03 / 03 / 90	One-Show Blind Signature Systems
4,949,380	08 / 14 / 90	Returned-Value Blind Signature Systems
4,991,210	02 / 05 / 91	Unpredictable Blind Signature Systems

▲大衛・喬姆
出處: Primepq

12.4　神來一筆艾加莫

在瑞沙葉演算法下，加、解密的次冪對調馬上得到數位簽署的演算法。那麼艾加莫密碼系統呢? 也可依樣畫葫蘆而得到嗎? 聰明的你可曾想過? 現在且讓我們認真地琢磨琢磨一番。先回想一下艾加莫演算法如何個加、解密的! 假設三毛要傳遞數位信息 m_3 給四郎，演算法如下:

1. 準備工作: 四郎選大質數 p_4 及整數 α_4 (mod p_4)，也選祕密整數 a_4 並計算 $\beta_4 \equiv \alpha_4^{a_4}$ (mod p_4); 將 (p_4, α_4, β_4) 公開，但 a_4 保持私密。

2.三毛加密: 根據四郎的公鑰，選隨機整數 k_3 並計算 (c_1, c_2)，此處 $c_1 \equiv \alpha_4^{k_3}$, $c_2 \equiv m_3 \beta_4^{k_3} \pmod{p_4}$。她送出密碼文 (c_1, c_2) 給四郎。

3.四郎解密: 四郎計算 $c_2 c_1^{-a_4} \pmod{p_4}$，此乃原來的明文 m_3。

這兒的加、解密很不一樣，所以就不可能像瑞沙葉系統那樣，輕輕鬆鬆地就得到合宜的簽署演算法；我們需要擁有更豐富的想像力與更活潑的創造力才能過關斬將。因為加密、解密運算的形式很不一樣，特別是加密時有一個隨機整數 k_3；而這個隨機整數得事先選定，因而在簽署的時候也必須事先選定才行。從另一個角度來看，正因為有這麼樣的一個隨機整數，讓加密者有自主的能力；雖然不能呼風喚雨，但這樣子的主控權卻是所有一切藝術的前提。所以艾加莫的隨機整數，提供加密者以及簽署者擁有自主能力的機會；如此一來，

原本是硬梆梆的演算法卻升格變成活生生的藝術品。

與瑞沙葉相比，艾加莫密碼系統是專門為簽名而設計的。其不同於瑞沙葉的特色就是對任何的信息可有多種不同的簽署法。這就是那個隨機整數所帶進的自由自在，是上帝賜給艾加莫 (ElGamal) 的

神來一筆。

下面的簽署演算法也是艾加莫設計出來的，聰明的你也來露一手吧! 現在姑且靜下心來，欣賞一下下艾加莫的「又是一絕」。假設三毛要簽署四郎的一份數位化文件 m_4。

1.準備工作: 首先三毛選大質數 p_3 及一原根 α_3，然後選取介於 1 與 $p-2$ 之間的整數 a_3 並計算 $\beta_3 = \alpha_3^{a_3} \pmod{p_3}$。公開的三個數為 (p_3, α_3, β_3)。整個系統的安全性完全是建立在 a_3 的私密性上。敵

對者想從 (p_3, α_3, β_3) 來決定 a_3 是困難重重的，因為離散對數問題被認為是困難的。

2. 三毛簽署：三毛選取與 $p-1$ 互質的祕密隨機整數 k_3，然後計算 $r_3 \equiv \alpha_3^{k_3} \pmod{p_3}$，再計算 $s_3 \equiv k_3^{-1}(m_4 - a_3 r_3) \pmod{p_3-1}$；最後得到 (m_4, r_3, s_3) 為完成簽署的文件。

3. 四郎驗證：四郎或任何第三者皆可驗證文件 (m_4, r_3, s_3) 的確是三毛所簽署過的，先下載或查出三毛的公開鑰匙 (p_3, α_3, β_3)，並計算

$$v_1 \equiv \beta_3^{r_3} r_3^{s_3} \text{ 及 } v_2 \equiv \alpha_3^{m_4} \pmod{p_3}$$

若是 $v_1 \equiv v_2 \pmod{p_3}$，則四郎或任何第三者接受此簽名為有效的，否則為無效。

首先說明一下，驗證此簽名的步驟為何如此這般就成就了。因為 $s_3 \equiv k_3^{-1}(m_4 - a_3 r_3) \pmod{p_3-1}$，我們有

$$k_3 s_3 \equiv m_4 - a_3 r_3 \pmod{p_3-1}$$

所以 $m_4 \equiv k_3 s_3 + a_3 r_3 \pmod{p_3-1}$。因此

$$v_2 \equiv \alpha_3^{m_4} \equiv \alpha_3^{k_3 s_3 + a_3 r_3} \equiv (\alpha_3^{a_3})^{r_3}(\alpha_3^{k_3})^{s_3} \equiv \beta_3^{r_3} r_3^{s_3} \equiv v_1 \pmod{p_3}$$

接下來，我們稍稍討論可能的攻擊或相關的安全顧慮。倘若六姑發現 a_3 值，那麼她就可以執行上述簽署的步驟，並在任何她想要的文件簽上三毛的名字。因此，a_3 值的祕密性是非常重要的。

如果六姑擁有另外的信息 m_6，她無法計算出對應的 s_3 值，因為她不知道 a_3。假設她想跳過這一步，直接去選取 s_6 滿足那個驗證的方程式。意即，她需要一個 s_6 滿足

$$\beta_3^{r_3} r_3^{s_6} \equiv \alpha_3^{m_6} \pmod{p_3}$$

將此同餘式寫成 $r_3^{s_6} \equiv \beta_3^{-r_3} \alpha_3^{m_6} \pmod{p_3}$，這是一個離散對數的問題。因此，要找到一個適當的 s_6 是困難的。如果六姑先選定 s_6，那麼要解對應的 r_6，還是一個類似離散對數的問題；但更複雜，所以一般也是假設為難解的問題。目前還不知道是否有辦法可以同時選取 r_6 與 s_6，雖然看起來不太可能會有。因此，只要模 p_3 下的離散對數問題是困難的，這麼個簽署法就會是安全的。

● 例題 12.2

三毛首先選取一祕密整數，稱之為 a。這就是她的祕密整數，而且以後還可以繼續使用。例如，假設她選取 $a = 711$。接下來，她需要一個大質數 p 及此質數的一個原根 α。在數學運算大師 MATHEMATICA 中，可對一隨機數，執行指令 NextPrime 來找質數。然而，為確保離散對數問題的困難度，我們也需要 $p-1$ 可被一個大質數 q 除盡。MATHEMATICA 程式如下：

```
In[1] := a = 711;
        findp[x_] := Module[{q}, q = x;
        While[PrimeQ[q * 40320 + 1] == False,
        q = NextPrime[q]];
        p = q * 40320 + 1; p];
```

現在選取一隨機多位數，如 8864235901213661 並執行指令 findp 在這個數上。我們也需要找出此質數的一個原根 α 如下：

```
In[4]:={p=findp[8864235901213661], q=(p-1)/40320,
                          alp=PrimitiveRoot[p]}
Out[4]={357405991536950536321, 8864235901214051, 13}
```

最後還有一數 β 為模 p 之下 α 的 a 次冪，將此三數 (p, α, β) 公開之，而 a 則維持私密；這就完成了簽署的準備工作。

```
In[5]:=bet=PowerMod[alp, a, p]
Out[5]=38120726449900303193
```

再來進入簽署階段，我們選取與 $p-1$ 互質的隨機整數 k，此數只能使用一次。對每一個信息，必須採用一個新的 k 值，此 k 值需保密。為確保 k 值與 $p-1$ 互質的最簡單的方法就是選取 k 值為一大質數。所以我們可用指令 k=NextPrime[Random[Integer,{1, 10^8}]] 來選取隨機整數 k，說是 59694043。

```
In[6]:=SeedRandom[711]
       Random[Integer, {1, 10^8}]
       k=NextPrime[%]
Out[7]=59693992
Out[8]=59694043
```

現在我們終於預備好要來簽署信息，假設為 tunghai，其對應的整數為 $m = 20211407080109$。接著我們算出 r 值以及 s 值為

```
In[9] := abc = "abcdefghijklmnopqrstuvwxyz";
 no = "000102030405060708091011121314151617181920212
 2223242526";
 digitalize = Table[StringTake[abc, {i}] ->
                StringTake[no, {2 * i - 1, 2 * i}],
                        {i, 1, 27}];
 alphabetize = Table[StringTake[no, {2 * i - 1,
                                2 * i}] ->
                StringTake[abc, {i}], {i, 1, 27}];
 Q[plaintext_] := StringReplace[plaintext,
                                digitalize];
 Qd[plaintext_] := ToExpression[Q[plaintext]];
In[15] := m = Qd["tunghai"]
        r = PowerMod[alp, k, p]
        s = Mod[PowerMod[k, -1, p - 1] * (m - a * r),
                p - 1]
Out[15] = 20211407080109
Out[16] = 145213733357510013763
Out[17] = 208170753204329644232
```

所以我們現在有一信息 $m = 20211407080109$ 及其簽署

$$(r, s) = (145213733357510013763,\ 208170753204329644232)$$

為了證明這的確是簽署人親自簽送的，我們得先查出簽署人所公開的 (p, α, β) 並檢查下面的同餘式是否成立 $\beta^r r^s \equiv \alpha^m \pmod{p}$。若此同餘式成立，則下面函數會輸出 True。

```
In[18] := verify[m_, r_, s_]
       := Mod[PowerMod[bet,r,p]*PowerMod[r,s,p]
          -PowerMod[alp, m, p], p]==0
```

驗證之，得

```
In[19] := verify[m, r, s]
Out[19] = True
```

假設有人試圖將此簽署 (r, s) 用在另一信息上。此處我們驗證兩個信息，第一個是空白信息而第二個則為 bye。

```
In[20] := verify[0, r, s]
          verify[022505, r, s]}
          Exit
Out[20] = False
Out[21] = False
```

如你所見，兩個當中，沒有一個被接受的。

　　假設三毛要簽署第二份文件，她必須選取一新的 k 值。若不然，她用了同一個 k 值來簽署文件 m_1 與文件 m_2。那麼 r 值會一樣，所以六姑看得出來 k 值已經用了兩次。至於 s 值則相異，稱之為 s_1 與 s_2。六姑知道

$$s_1 k - m_1 \equiv -ar \equiv s_2 k - m_2 \pmod{p-1}$$

因此 $(s_1 - s_2)k \equiv m_1 - m_2 \pmod{p-1}$。令 $d = \gcd(s_1 - s_2, p-1)$，所以上面同餘式有 d 個解。通常 d 值是小的，所以不會有太多可能的 k 值。對每一可能 k 值，六姑算出其對應的 α^k，直到 r 的值出現為止。經此全面搜索，她現在知道 k 的值，再由同餘式

$$ar \equiv m_1 - s_1 k \pmod{p-1}$$

解出 a。這裡有 $\gcd(r, p-1)$ 種可能性。六姑算出每一個可能的 a 所對應的 α^a，直到 β 的值出現為止。經此全面搜索，她終於找到了 a 的值。如此一來，她就完全破解整個系統；因而她就有本事可以隨意的來偽造三毛的簽名。

● 例題 12.3

三毛要簽署信息 $m_1 = 151405$（即 one，如果我們用 a = 01, b = 02, …）。她先選取值質數 $p = 225119$，則 $\alpha = 11$ 為一原根。

```
In[1]:= p = 225119; alpha = PrimitiveRoot[p]
Out[2] = 11
```

然後選取她的祕密整數 a，並算出 $\beta \equiv \alpha^a \equiv 18191 \pmod{p}$。簽署之前，她先選取一隨機整數 k 且保密之。接著三毛計算

$$r \equiv \alpha^k \equiv 164130 \pmod{p}$$

以及

$$s_1 \equiv k^{-1}(m_1 - ar) \equiv 130777 \pmod{p}$$

簽署了的信息為一數字串 (151405, 164130, 130777)。

假設現在三毛要簽署第二份文件 $m_2 = 202315$（即 two，如果我們用 a = 01, b = 02, …），且得到簽署文為 (202315, 164130, 164899)。

```
In[3]:= bet = 18191;
        sig1 = {151405, 164130, 130777};
        sig2 = {202315, 164130, 164899};
```

六姑馬上就認出三毛用了同一個 k 來簽署這兩份文件，因為 r 值一樣。因此我們有

$$-34122k \equiv (s_1 - s_2)k \equiv m_1 - m_2 \equiv -50910 \quad (\bmod \ p-1)$$

因為 $\gcd(-34122, \ p-1) = 2$，所以有兩個解，方法如第二講第二節所描述。將此同餘式兩邊同時除以 2：

$$-17061k \equiv -25455 \quad (\bmod \ (p-1)/2)$$

解之得 $k \equiv 239 \ (\bmod \ (p-1)/2)$，所以在模 p 之下，有兩個 k 值為 239 與 $239 + (p-1)/2 = 112798$。

```
In[6]:=GCD[sig1[[3]]-sig2[[3]], p-1]
Out[6]=2

In[7]:=Solve[{(sig1[[3]]-sig2[[3]])/2*k
        ==(sig1[[1]]-sig2[[1]])/2,
        Modulus==(p-1)/2}, k, Mode->Modular]
Out[7]={Modulus->112559, k->239}
```

計算對應的 $\alpha^k \ (\bmod \ p)$，看看那一個會等於 r。因為第一個就是正確的 r 值，六姑就得到 $k = 239$。

```
In[8]:=L=Table[If[PowerMod[alpha, 239+i*(p-1)/2, p]
        ==sig1[[2]], 1 , 0], {i, 0, 1}];
        k=239+(Position[L, Max[L]][[1]][[1]]-1)*(p-1)/2
Out[9]=239
```

將此值代入同餘式 $s_1 k \equiv m_1 - ar \ (\bmod \ p-1)$ 並重寫得到

$$164130a \equiv ra \equiv m_1 - s_1 k \equiv 187104 \quad (\bmod \ p-1)$$

因為 gcd(164130, $p-1$) = 2,

```
In[10]:=Mod[sig1[[1]]-sig1[[3]]*k, p-1]
         GCD[sig1[[2]], p-1]
Out[10]=187104
Out[11]=2
```

所以有兩個解為 $a = 28862$ 與 $28862 + (p-1)/2 = 141421$。

```
In[12]:=Solve[{sig1[[2]]/2*a==(sig1[[1]]-sig1[[3]]*k)/2,
         Modulus==(p-1)/2}, a, Mode->Modular]
Out[12]={Modulus->112559, a->28862}}
```

六姑算出對應的 α^a。因為第二個就是正確的 β 值,六姑就找到了

$$a = 141421$$

```
In[13]:=L=Table[If[PowerMod[alpha, 28862+i*(p-2)/2, p]
                   ==bet, 1, 0], {i, 0, 1}];
  a=28862+(Position[L, Max[L]][[1]][[1]]-1)*(p-1)/2
Out[14]= 141421
```

如此一來,她就有本事可以在任何文件上偽造三毛的簽名。

　　艾加莫 (ElGamal) 簽署法乃是一種簽名帶附錄的例子。從簽名 (r, s) 來揭開原信息不是那麼容易。原信息必須放在驗證的過程當中。這與瑞沙葉簽署法是一大對比,那是一個可還原信息的簽署法。在彼法中,原信息可由簽名 y 得到。所以只有 y 需要送出,因為任何人都能導出 m 為 $y^e \pmod{n}$。不太可能從一個隨機的 y 可導出有意義的信息 m,所以藉著調整 y 而成功得到有效的信息 m 來矇騙之危險性是少之又少的。

·參考文獻·

[1] Agrawal, Manindra/Kayal, Neeraj/Saxena, Nitin: "PRIMES is in P," *Annals of Math*. 160, 2004, pp. 781–793.

[2] Andrews, George E.: *Number Theory*, W. B. Saunders Co., Philadelphia, PA, 1971, Reissued, Dover, New York, 1995.

[3] Apostol, Tom M.: *Introduction to Analytic Number Theory*, Undergraduate Texts of Mathematics, Springer-Verlag, New York, First Edition, 1976, Corr. Fifth Printing, 1998.

[4] Atkins D., et al.: "The Magic Words are Squeamish Ossifrage," *American Scientist*, Vol. 82, No. 4, July–August, 1994, pp. 312–316. Postscript Version of Paper-rsa129.ps.gz

[5] Atkins, D./Graff, M./Lenstra, A./Leyland, P.: "The Magic Words are Squeamish Ossifrage," *Advances in Cryptology — ASIACRYPT '94*, Lecture Notes in Computer Science 917, Springer-Verlag, 1995, pp. 263–277.

[6] Becker H./Piper, F.: *Cipher Systems: The Protection of Communication*, Wiley-Interscience, 1982.

[7] Buchmann, Johannes A.: *Introduction to Cryptography*, Springer-Verlag, Second Edition, 2004.

[8] Carmichael, R. D.: "Note on a New Number Theory Function," *Bull. Amer. Math. Soc.*, 16, 1910, pp. 232–238. See also: *Amer. Math. Monthly* 19, 1912, pp. 22–27.

[9] Coote, Andy: "Crypto Man," *SC Magazine*, Thu, Jul. 8, 2004.
http://scmagazine.com/features/index.cfm?fuseaction=FeatureDetails&newsUID=a4b8fe9a-34b9-4a2b-bde4-9a2042176851&newsType=Latest+Issue

[10] Diffie, Whitfield: "The First Ten Years of Public-Key Cryptography," *Proceedings of the IEEE*, Vol. 76, No. 5, May 1988, pp. 560–577.
http://cr.yp.to/bib/1988/diffie.pdf

[11] Diffie, Whitfield/Hellman, Martin E.: "Multiuser Cryptographic Techniques," presented at National Computer Conference, New York, June 7–10, 1976.

[12] Diffie, Whitfield/Hellman, Martin E.: "New Directions in Cryptography," *IEEE Trans. Information Theory*, Vol. IT-22, Nov. 1976, pp. 644–654.

[13] Doyle, Arthur Conan: *The Adventures of Sherlock Holmes*, The Dancing Men, 1903.
http://www.bookhome.net/zhentan/knde/glj-twdr.html

[14] ElGamal, Taher: "A Public-Key Cryptosystem and a Signature Scheme Based on Discrete Logarithms," *Advances in Cryptology: Procedings of CRYPTO '84*, Springer-Verlag, 1985, 10–18. Also appeared in *IEEE Transactions on Information Theory*, 31, 1985, pp. 469–472.

[15] Furger, Franco: *Interview with Whitfield Diffie on the Development of Public Key Cryptography*, Conducted by Franco Furger in Palo Alto, 1992.
http://www.itas.fzk.de/mahp/weber/diffie.htm

[16] Gaines, Helen Fouche: *Cryptanalysis*, Dover Publication, New York, 1956.

[17] Gardner, M.: "Mathematical Games, A New Kind of Cipher that Would Take Millions of Years to Break," *Scientific American*, Aug. 1977, pp. 120–124.
www.fortunecity.com/emachines/e11/86/cipher1.html

[18] Golomb, Solomon W.: *Shift Register Sequences*, Aegean Park Press, Revised Edition, 1982.

[19] Hardy, G. H.: *A Course of Pure Mathematics*, Cambridge Mathematical Library, 1993 (First published in 1908).

[20] Hardy, G. H.: *A Mathematician's Apology*, Cambridge University Press, London, 1940. 摘要見網頁如下:
http://en.wikipedia.org/wiki/A_Mathematician%27s_Apology

[21] Hellman, Martin E.: "An Overview of Public Key Cryptography," *IEEE Communications Magazine*, May 2002.
http://www.comsoc.org/livepubs/ci1/public/anniv/pdfs/hellman.pdf

[22] Herstein I.N.: *Topics in Algebra*, 2nd ed., New York · Santa Barbara · London · Sydney · Toronto, John Wiley & Sons, Inc., 1975.

[23] Hill, Lester S.: "Cryptography in an Algebraic Alphabet," *The American Mathematical Monthly*, 36, June–July 1929, pp. 306–312.
http://en.wikipedia.org/wiki/Hill_cipher

[24] Hoffstein, J./Pipher, J./Silverman, J. H.: *An Introduction to Mathematical Cryptography*, Undergraduate Texts of Mathematics, Springer-Verlag, New York, 2008.

[25] 華羅庚:《數論導引》，北京科學出版社，1957 年。

[26] 美國獨立宣言 http://usinfo.org/docs/deceng.htm

[27] Kahn, David: The *Codebreakers, The Story of Secret Writing*, Scribner, Revised and Updated, 1996.

[28] Kerckhoffs, Auguste: La Cryptographie Militaire, Journal des sciences militaires, Vol. IX, Jan. 1883, pp. 5–83, Feb. 1883, pp. 161–191. http://www.petitcolas.net/fabien/kerckhoffs/la_cryptographie_militair e_i.htm

[29] Kessler, Gary C.: *Hiding Data in Data*, Windows & .NET Magazine, April 2002. http://www.garykessler.net/library/steganography.html

[30] Koblitz, Neal: "Elliptic Curve Cryptosystems," *Mathematics of Computation*, Vol. 48, 1987, pp. 203–209.

[31] Koblitz, Neal: *A Course in Number Theory and Cryptography*, Volume 114 of *Graduate Texts in Mathematics*, Springer-Verlag, New York, Second Edition, 1994.

[32] Koblitz, Neal: *Algebraic Aspects of Cryptography*, Volume 3 of *Algorithms and Computation in Mathematics*, Springer-Verlag, New York, First Edition, 1998, Corr. 2nd printing, 1999, 3rd printing, 2004.

[33] Levy, Steven: *Crypto: How the Code Rebels Beat the Government Saving Privacy in the Digital Age*, Penguin Books, 1st edition, December 31, 2001.

[34] Merkle, Ralph C.: "Secure Communications Over Insecure Channels," CACM April 1978, pp. 294–299. Submitted in 1975.

[35] Niven, I./Zuckerman, H./Montgomery, H.: *An Introduction to the Theory of Numbers*, Fifth edition, John Wiley & Sons, Inc., New York, 1991.

[36] Pohlig, S. C./Hellman, M.E.: "An Improved Algorithm for Computing Logarithms Over GF (p) and Its Cryptographic Significance," *IEEE Transactions on Information Theory*, 24, 1978, pp. 106–110.

[37] 質數網頁 http://www.utm.edu/research/primes/largest.html

[38] Rivest, R.L./Shamir A./Adleman L.: "A Method for Obtaining Digital Signatures and Public-Key Cryptosystems," *Communications of the ACM*, 21, 1978, pp. 120–126.

[39] Rosen, Kenneth H.: *Elementary Number Theory and Its Applications*, Fifth edition, Addison-Wesley, Reading, MA, 2005.

[40] Schneier, Bruce: *Applied Cryptography*, Second Edition, John Wiley & Sons, Inc., 1996.

[41] Schneier, Bruce: *Secrets and Lies*, Wiley Publishing, Inc., 2004.

[42] 沈淵源：《密碼學之旅——與 MATHEMATICA 同行》，全華圖書，95 年。

[43] 沈淵源：《數論輕鬆遊》，《數學傳播》第二十九卷第四期，116，
94 年 12 月，第 45–71 頁。全文見網頁
http://w3.math.sinica.edu.tw/media/pdf.jsp?m_file=ZDI5NC8yOTQ
wOA==

[44] 沈淵源：《「抽象代數」真的抽象嗎?（上）》，《數學傳播》第三十
六卷第二期 (142)，101 年 6 月，第 34–51 頁。全文見網頁
http://w3.math.sinica.edu.tw/media/pdf.jsp?m_file=ZDM2Mi8zNjIw
NA==

[45] Silverman, Joseph H.: *A Friendly Introduction to Number Theory*,
Prentice Hall, Third Edition, 2006.

[46] Simon & Schuster, Inc.: *The Adventures of Sherlock Holmes*, The
Dancing Men, Simon & Schuster Video, 1986.

[47] Singh, Simon: *The Code Book: The Science of Secrecy from Ancient
Egypt to Quantum Cryptography*, Anchor Books, New York, 2000.

[48] Stein, Josef: "Computational Problems Associated with Racah
algebra", *Journal of Computational Physics* 1, 3, 1967, pp. 397–405.

[49] Stinson, Douglas R.: *Cryptography: Theory and Practice*, Second
edition, Chapman & Hall/CRC Press, 2002.

[50] Sun-Tsu（孫子）：《孫子算經》，收入《宋刻算經六種》，上海文物
出版社，1980 年。

[51] 唐崇榮:《神的形像——人性的尊嚴與危機》,中國福音會出版社,80 年 7 月,第 13 頁。

[52] Trappe, Wade/Washington, L. C.: *Introduction to Cryptography with Coding Theory*, Second Edition, Prentice Hall, 2006.

[53] van der Lubbe, Jan. C. A.: *Basic Methods of Cryptography*, Cambridge University Press, 1998.

[54] Vernam, Gilbert S.: "Cipher Printing Telegraph Systems for Secret Wire and Radio Telegraphic Communications," *Journal of the IEEE*, Vol. 55, 1926, pp. 109–115.
http://en.wikipedia.org/wiki/Gilbert–Vernam

[55] Washington, L. C.: *Elliptic Curves: Number Theory and Cryptography*, Chapman & Hall/CRC Press, 2003.

[56] Wayner, Peter: "British Document Outlines Early Encryption Discovery," *New York Times*, December 24, 1997.
http://www.nytimes.com/library/cyber/week/122497encrypt.html#1

[57] Wright, Ernest Vincent: "Gadsby, A Story of Over 50,000 Words Without Using the Letter 'E'," 1937.
http://spinelessbooks.org/gadsby/

鸚鵡螺數學叢書介紹

數學拾貝 　　蔡聰明／著

數學的求知活動有兩個階段：發現與證明。並且是先有發現，然後才有證明。在本書中，作者強調發現的思考過程，這是作者心目中的「建構式的數學」，會涉及數學史、科學哲學、文化思想等背景，而這些題材使數學更有趣！

數學悠哉遊 　　許介彥／著

你知道離散數學學些什麼嗎？你有聽過鴿籠（鴿子與籠子）原理嗎？你曾經玩過河內塔遊戲嗎？本書透過生活上輕鬆簡單的主題帶領你認識離散數學的世界，讓你學會以基本的概念輕鬆地解決生活上的問題！

微積分的歷史步道 　　蔡聰明／著

微積分如何誕生？微積分是什麼？微積分研究兩類問題：求切線與求面積，而這兩弧分別發展出微分學與積分學。微積分最迷人的特色是涉及無窮步驟，落實於無窮小的演算與極限操作，所以極具深度、難度與美。

鸚鵡螺 數學叢書介紹

從算術到代數之路 —讓 x 噴出，大放光明— 蔡聰明／

最適合國中小學生提升數學能力的課外讀物！本書利用
單有趣的題目講解代數學，打破學生對代數學的刻板印象
帶領國中小學生輕鬆征服國中代數學。

數學的發現趣談 蔡聰明／著

一個定理的誕生，基本上跟一粒種子在適當的土壤、陽光
氣候……之下，發芽長成一棵樹，再開花結果的情形沒
兩樣——而本書嘗試盡可能呈現這整個的生長過程。讀
後，請不要忘記欣賞和品味花果的美麗！

摺摺稱奇：初登大雅之堂的摺紙數學 洪萬生／

共有四篇：
第一篇 用具體的摺紙實作說明摺紙也是數學知識活動
第二篇 將摺紙活動聚焦在尺規作圖及國中基測考題。
第三篇 介紹多邊形尺規作圖及其命題與推理的相關性
第四篇 對比摺紙直觀的精確嚴密數學之必要。

鸚鵡螺
數學叢書介紹

藉題發揮 得意忘形　　葉東進／著

本書涵蓋了高中數學的各種領域，以「活用」的觀點切入、延伸，除了讓學生對所學有嶄新的體驗與啟發之外，也和老師們分享一些教學上的經驗，希冀可以傳達「教若藉題發揮，學則得意忘形」的精神，為臺灣數學教育注入一股活泉。

機運之謎 —數學家 Mark Kac 的自傳—　　Mark Kac 著／蔡聰明 譯

上帝也喜愛玩丟骰子的遊戲，用一隻看不見的手，對著「空無」拍擊出「隻手之聲」。因此，大自然的真正邏輯就在於機率的演算。而 Kac 的一生就如同機運般充滿著未知，本書藉由作者的自述，將帶領讀者進入機運的世界。

數學放大鏡 ——暢談高中數學　　張海潮／著

本書精選許多貼近高中生的數學議題，詳細說明學習數學議題都應該經過探索、嘗試、推理、證明而總結為定理或公式，如此才能切實理解進而靈活運用。共分成代數篇、幾何篇、極限與微積分篇、實務篇四個部分，期望對高中數學進行本質探討和正確應用，重建正確的學習之路。

蘇菲的日記

Dora Musielak ／著
洪萬生 洪贊天 黃俊瑋 合譯
洪萬生 審訂

《蘇菲的日記》是一部由法國數學家蘇菲‧熱爾曼所啟的小說作品。內容是以日記的形式，描述在法國大革命間，一個女孩自修數學的成長故事。從故事中不僅能看一個不平凡女孩的學習之旅，還能看到 1789-1794 年間當時巴黎混亂社會的真實記述，而她後來也成為數學史第一位且唯一一位對費馬最後定理之證明有實質貢獻的性。

畢氏定理四千年

Eli Maor ／著
林炎全、洪萬生、黃俊瑋、蘇俊鴻
洪萬生 審訂

作者毛爾（Eli Maor）在此書中重述畢氏定理的故事之說面向，他指出畢達哥拉斯證得畢氏定理的千餘年前，巴倫人就已經發現勾股間巧妙的數學關係。毛爾重現了畢定理在數學史上的關鍵要角，為這流傳許久的數學遺產添了許多繽紛色彩。

畢達哥拉斯的復仇

Arturo Sangalli 著／蔡聰明

有關畢氏的說法眾說紛紜，而有一點所有古代和現代史學家都同意：畢氏並沒有留下任何著作。但是，如果有呢？如果他留下的手稿，隱藏得很好而從未被發現接著就會提出一連串的問題：手稿的內容是什麼？他麼要寫它呢？他為什麼要採取種種不尋常的預防措施護它呢？